Molecular
Cooking

분자의 원리를 활용한
분자요리

제3판

Molecular
Cooking

분자의 원리를 활용한
분자요리

채현석 저

 (주)백산출판사

급속하게 변화하는 외식산업의 트렌드로 인하여 새로운 조리법을 활용한 다양한 요리 개발이 시도되고 있다. 특히 2016년 11월 7일 『미쉐린 가이드 서울』이 발간되면서 새로운 질감과 맛을 가진 요리들에 대한 관심이 증가하고 있다.

요리는 과학이다. 과학 없이는 맛있는 음식을 만들 수 없다. 유명한 맛집 음식에는 여러 가지 비법이 숨어 있다. 맛있는 음식을 만드는 장인은 특별한 기술과 재능을 가지고 있어야 하지만 음식 만드는 과정은 수학문제처럼 정직하다. 첫째, 선별된 좋은 식재료를 가지고 만들어야 한다. 둘째, 조리법에 따라 정확한 양을 사용해야 한다. 셋째, 조리법에 따라 정확한 조리과정이 이루어져야 한다. 이 방법 중에서 작은 것 하나라도 제대로 이루어지지 않으면 맛있는 음식을 만들 수 없는 것이다. 요리가 과학인 이유이다.

분자요리는 조리과정 중에 일어나는 변화의 메커니즘을 표현하기 위해 Molecular Gastronomy라는 용어를 1988년에 처음 사용했다. 스페인 엘 불리(El Bulli)의 페란 아드리아(Ferran Adria), 영국의 헤스턴 블루멘탈 셰프의 디너 바이 헤스턴 블루멘탈(Dinner by Heston Blumental), 미국 알리네아(Alinea)의 그랜트 애커츠(Grant Achatz) 등이 분자요리기법을 개발 발전시켜 왔다. 국내에서는 스페인 엘 불리(El Bulli)에서 근무했던 셰프에 의해 알려지기 시작했으며 고급 레스토랑에서 분자요리기법을 활용해 메뉴들이 개발되고 소개되었다.

분자요리학(Molecular Gastronomy)은 기본적인 조리방법(Basic Cooking Methods)을 활용하여 새로운 질감, 맛, 형태 등을 만들어내는 조리법이다. 따라서 분자요리방법과 기존 조리방법의 장단점을 활용한 다양한 요리의 개발 및 연구가 필요하다. 이 책에서는 분자요리기법에 대한 이론을 정립하고 이를 통해 분자요리기법을 습득하여 다양한 요리의 확장성에 중점을 두었다. 서양요리에만 한정하지 않고 한식, 일식, 중식에서도 활용할 수 있도록 하였다. 한식 비빔밥에 고추장 캐비아(Caviar)를 올려주고, 일식 초밥에 간장 캐비아(Caviar)나 간장 젤리 등으로 다양하게 응용할 수 있기를 기대한다.

분자요리에 대한 이론 및 실기에 대한 정립이 부족한 상태에서 만들어 부족하고 오류가 있을 수 있을 것이다. 계속적인 연구로 보완, 수정하여 발전시키고자 한다.

본 요리서를 통해 분자요리에 대한 이론 및 실무가 정립되고 분자요리방법을 활용한 다양한 조리법으로 세상에 없던 새로운 질감, 향, 맛 등이 개발되어 모든 사람들에게 행복한 맛을 선사하기 바란다.

끝으로 본서의 출간을 도와주신 모든 분과 백산출판사 진욱상 사장님을 비롯한 편집부 팀원에게 깊은 감사를 드린다.

저자 **채현석**

CONTENTS

PART 1　분자요리 이론

PART 2　분자요리 실무

PART 3　분자요리 응용

MOLECULAR COOKING

PART
1

분자요리
이론

PART 1

분자요리 이론

 분자요리의 개요

분자요리학(分子料理學, Molecular Gastronomy)이란? 음식의 조리과정 등을 과학적으로 철저히 분석하여 새롭게 변형시키거나 다른 형태의 음식을 창조하는 것이라 정의한다. 망고주스를 캐비아 모양으로 만들거나 비빔밥 고추장을 달걀 노른자 모양으로 만들어 비빔밥에 올려주고 올리브 오일을 액화질소로 냉각하여 아이스크림으로 만들고 삼겹살을 부드럽게 익혀 기존에 없던 새로운 맛, 향, 질감을 얻을 수 있는 현대적인 스타일의 요리이며 조리과학분야의 많은 기술과 새로운 혁신기술을 활용한다.

분자요리법은 요리과정에서 발생하는 물리적, 화학적 변화를 과학적으로 분석하는 학문이다. 식품을 연구하는 분야에는 미생물학, 물리학, 식품위생학, 미생물학, 식품화학 등으로 식품의 다양한 측면을 연구하는 식품과학 분야가 있다. 분자조리학이 생겨나기 전에는 요리과정에 대해 화학적, 물리적으로 연구하는 학문은 없었다. 분자요리학은 식품과학과 중복될 수 있으나 새로운 영역으로 보고 있다. 분자요리학(Molecular Gastronomy)이 만들어진 것은 식품과학 분야에서 다루지 않는 새로운 학문을 연구하기 위해 식품의 조리과정에서 발생하는 화학적·물리적 과정에 대한 조리과학의 체계를 학문적으로 분석하기 위한 새로운 학문이다.

분자요리학은 조리(cooking), 조리과학(science of cooking), 식품과학(food Science)이라는 3개의 분야를 총괄하는 학문이다. 조리는 기술적, 예술적인 분야로 조리과정을 통해 음식을 만드는 목적이 있다. 조리과학은 조리과정을 과학적으로 분석하는 기술적 분야이며 식품과학이란 음식, 또는 음식을 만드는 식재료를 과학적 실험을 통해 분석하는 학문이다.

분자미식학(Molecular Gastronomy)은 조리, 식품과학, 조리과학을 바탕으로 음식을 만들고, 음식을 만드는 조리과정을 과학적 연구와 실험을 통해 철저히 해체 분석하여 그 기본 구조와 원리를 이해하고 음식의 맛을 만들어낼 수 있는 다양한 조리방식에 새로운 변화를 모색하는 광범위한 학문이다.

식품과학 분야는 수년 동안 존재해 왔다. 식품과학은 주로 식품영양 특성 및 식품 가공방법 개발과 관련된 학문이다. 식품 연구를 위해 화학에서 개발된 기술을 사용하는 것은 새로운 기술이 아니다. 기존 식품과학 분야의 기술을 활용하여 조리법에 활용하는 것이 분자미식학(Molecular Gastronomy)이라 할 수 있다.

분자미식학에 대한 정의는 학자들에 따라 다양하다. 니콜라스 쿠르티는 분자미식학을 "음식 만들기 이전의 화학적, 물리적 반응연구"라고 정의하였다. 또한 미국의 유명한 요리 과학 서적(On Food and Cooking)의 저자 맥그리(McGree)는 분자미식학을 "맛있음에 대한 과학적 학문"이라 정의하였다.

② 분자요리의 역사

분자물리요리학(Molecular and physical Gastronomy)이라는 용어는 1988년 영국의 옥스퍼드 물리학자 니콜라스 쿠르티(Nicholas Kurti)와 프랑스 물리화학자 에르베 티스(Herve This)에 의해 만들어졌다. 1992년 이탈리아 에리체(Erice)에서 열린 과학자와 요리사들이 전통적인 요리과정의 과학에 대해 토론하는 과학과 요리학(Science and Gastronomy)이라는 워크숍의 이름으로 채택되면서 처음 사용되었다. 이후 줄인 분자요리학(Molecular Gastronomy)으로 전통적인 요리방법에 대한 과학을 탐구하는 방법의 이름으로 자리 잡게 되었다.

니콜라스 쿠르티(Nicholas Kurti)와 에르베 티스(Herve This)는 이탈리아 에리체에서 열린 분자물리요리학(Molecular and Physical Gastronomy) 공동 주최자로 모임에서 논의된 주제들에 대해 공식적인 원리를 창안하기로 했다. 1998년 니콜라스 쿠르티(Nicholas Kurti)가 사망한 후 에르베 티스(Herve This)에 의해 국제분자요리학 워크숍은 '니콜라스 쿠르티'(The international workshop on molecular gastronomy 'N. Kurti')로 개칭되었으며, 그는 1999~2004년까지 개최된 워크숍의 대표를 맡았다. 또한 현재까지 분자요리학을 연구하고 있다.

다음은 분자요리학(Molecular Gastronomy)에 영향을 미친 학자들이다.

1) 니콜라스 쿠르티(Nicholas Kurti)

옥스퍼드 대학교 물리학자로 과학적 지식을 요리에 접목시키고자 많은 노력을 했다. 1969년 흑백 텔레비전 쇼에서 '물리학자의 주방(The physiscist in the Kitchen)'으로 영국에서 요리방송을 처음으로 하였다. 방송에서 파이의 윗부분을 손상시키지 않기 위해 주사기로 브랜디를 주사하는 등의 기술을 보였다. 그해 런던 왕립학회에서 물리학자의 주방(The physiscist in the Kitchen)으로 발표회를 하였다. 그 발표에서 "저는 우리가 현재 금성의 온도를 잴 수 있는 문명수준에 살고 있는데도 우리가 수플레의 내부를 들여다보지 않는다는 것은 유감스럽게 생각한다."고 하였다. 발표회에서 머랭을 진공실 내에서 만들고, 파인애플을 이용해 연육작용을 일으키고 자동차 배터리 사이에 소시지를 연결해 구웠으며, 전자레인지의 극초단파를 이용하여 겉은 아이스크림이고 속은 뜨거운 알코올로 만든 디저트를 선보였다. 또한 수비드 조리법에도 관심이 많아 18세기 영국 과학자 벤자민 톰슨(Benjamin Thompon)의 수비드 조리법도 실험으로 재현했다.

2) 에르베 티스(Herve This)

1980년대부터 주부들의 오래된 요리비법과 기술을 2,500개 정도 수집하여 검증하였다. 1995년 분자물리요리학(La gastronomie molecuaire et physique; molecular and physical gastronomy)에 대한 이론으로 재료물리화학 박사학위를 받았다. 프랑스 INRA에서 분자요리학에 대한 공개 무료 세미나를 매달 개최하고 있다. 프랑스어로 여러 권의 책을 출판하였으며 『분자요리법: 풍미의 과학탐구』, 『주방미스터리: 요리』, 『요리: 전형적인 예술』, 『식사의 과학 표현하기: 분자요리법에서 요리 구성주의』라는 책이 있다. 또한 분자요리학에 대한 공개 강좌를 열고 프랑스의 셰프 피에르 가니에르(Pierre Gagnaire)의 홈페이지에 그와 함께 공동작업해서 공개하기도 하였다.

3) 마리 앙투안 카렘(Marie-Antoine Careme, 1784~1833)

프랑스의 유명한 천재 요리사로 프랑스 요리기법을 종합하여 현대에 전했다. 19세기초 프랑스 요리사로 현대 페이스트리(Pastry)와 케이크(Cake) 부분에서 세계역사상 첫 요리사이다. 나폴레옹, 알렉산드르 등 유럽 왕실 지도자들을 위해 요리했으며 프랑스 소스를 크게 4범주로 분류한 소스 체계는 서양요리의 기본이 되고 있다. 분자요리법의 개념을 갖기 시작한 요리사 중 한 명이다.

4) 에블린 G. 할리데이와 이사벨 T. 노블(Evelyn, G. Halliday, & E.T. Noble)

1994년 시카고대학교출판부는 346쪽의 식품화학 요리법을 시카고대학 가정경제학과 부교수 에블린 G. 할리데이 및 E.T. Noble과 출판했다. 이 책은 음식 준비와 보존을 위해 기초 화학원리를 이해하기 위한 것이라 했다. "우유의 화학", "제빵 분말의 화학 및 제빵에서의 사용", "채소요리의 화학 및 수소 이온농도의 결정"에 대한 부분이 있다.

5) 벤자민 톰슨(Benjamin Thompon, Count Rumford, 1753~1814)

미국에서 태어난 영국의 물리학자이다. 열역학에 선구적인 업적을 남겼으며 19세기 열병학의 혁명을 가져온 과학자로서 높은 명성을 얻었다. 음식을 과학적으로 분석하여 요리에 필요한 스토브(Stove)를 발명함으로써 요리를 과학적으로 발전시켰다. 1799년 처음으로 수비드(Sous Vide)라는 방법을 이론적으로 발견하였다.

6) 벨 로우(Belle Lowe)

1932년 요리과학에 관한 『화학과 물리적 관점의 실험 조리(Experimental Cookery : From The Chemical And physical Standpoint)』라는 책을 발간하여 미국 전역에 표준 교과서가 되었다. 이 책은 콜로이드 화학에 대한 요리법의 관계, 단백질 응고, 크림 및 아이스크림 점도에 미치는 영향, 콜라겐의 가스분해 및 요리된 고기의 변화 등에 대해 다양한 연구를 실행하였다.

7) 엘리자베스 코드리 토마스(Elizabeth Cawdry Thomas)

런던 르 꼬르동 블루(Le Cordon Bleu)에서 공부하고 캘리포니아 버클리에서 요리학원을 운영하였다. 한때 물리학자의 아내였던 토마스는 요리에 관심이 많고 과학계에 많은 친구가 있었다. 1988년 이탈리아 에리체의 에토레 마조라나 센터(Ettore Majorana Center)에

서 과학문화 모임에 참석하면서 볼로냐대학교의 우고 발드레(Ugo Valdre) 교수에게 조리
과학이 저평가된 영역이라 주장하며 토마스와 발드레가 니콜라스 쿠르티(Nicholas Kurti)
에게 제안해서 워크숍이 개최되었다.

③ 분자미식학 개념(Molecular Gastronomy)

1) 분자요리의 물리적 변화와 화학적 변화

분자미식학(Molecular Gastronomy)은 과학을 이용하여 창조적이고 혁신적인 기술을 개
발 이용하여 새로운 맛과 질감의 조화를 가진 요리라고 정의하였다. 분자요리는 원재료의
맛과 향 등을 그대로 유지하면서 형태를 바꾸어 새로운 모양의 구조로 만들어내는 방식이
다. 분자요리는 분자미식학과 분자요리로 나눌 수 있다.

분자미식학: 음식을 만들기 전의 화학적 · 물리적 변화

분자요리: 분자미식학을 이용한 조리방법

분자미식학은 광범위한 범위로 물리적 · 화학적 변화를 이용한 조리기술이며 분자요리
는 분자미식학의 조리과학을 조리과정으로 탄생시킨 것으로 정의할 수 있다. 분자요리를
위해서는 분자의 개념과 물리적 변화, 화학적 변화에 대해 학습해야 한다.

2) 분자

라틴어의 질량을 가진 아주 작은 단위라는 의미의 moles에서 유래되었다. 프랑스어로
는 아주 작은 입자라는 뜻으로 원자들이 화학 결합을 통해 구성한 최소의 단위, 즉 물질을
구성하는 최소의 단위를 분자라 한다. 분자의 구성 원자들은 공유결합으로 되어 있다. 다
만 단원자 분자의 경우는 예외이다. 공유결합은 두 개의 원자핵이 전자쌍을 공유하여 이루

어진 화학결합이다. 두 개의 같은 원자들이 전자 친화도(electron affinity)가 크게 다르지 않을 때는 전자가 한 원자에서 다른 원자로 이동하지 않고, 양전하의 중심과 음전하의 중심이 서로 다른 상태로 극성을 가지면서 공유결합을 한다. 분자들은 원자들이 모여서 만들어지기 때문에 크기가 0.1~1nm 정도로 매우 작다. 하지만 DNA 등과 같은 고분자는 매우 큰 것도 있다. 분자식은 구성 원소의 종류와 수, 때로는 작용기(functional group) 등을 갖는다. 실험식(empirical formula)은 원소들의 종류와 존재 비율의 정수비로 표시된 식이다. 글루코스(glucose, $C_6H_{12}O_6$), 리보스(ribose, $C_5H_{10}O_5$), 포름알데하이드(formaldehyde, CH_2O), 아세트산(acetic acide, $C_2H_4O_2$) 등은 각기 다른 분자식을 가지고 있지만 CH_2O와 같다. 일반적으로 분자구조에 많은 화학정보가 포함되어 있기 때문에 구조식(structural formula) 형태로 분자식을 보여주기도 한다. 분자식을 시각적으로 보여주기 위해 모형을 사용하는데 가장 많이 활용되는 것이 공-막대 분자 모형(ball-stick molecular model)과 공간-채움 분자모형(space-filling molecular model)이다.

3) 분자요리의 물리적 변화

물질이 화학적인 원자나 분자 조성의 변화 없이 고유의 성질을 유지하면서 상태만 변화하는 현상을 물리적 변화라 한다. 물이 수증기로 변하거나 물이 얼음으로 변화하는 것이 대표적인 물리적 변화이다. 수증기가 식으면 물이 되고, 얼음이 녹으면 물이 된다. 즉 물과 얼음은 서로 상태는 다르지만 물분자로 되어 있기 때문에 이것을 물리적 변화라 한다. 물리적 변화는 그 물질을 구성하는 분자들의 기본적 성질이 변하지 않는 성질이 특징이다. 설탕을 물에 녹여 설탕물이 되어도 설탕의 단맛은 변하지 않는 것과 소금물을 만들어도 짠맛은 변함이 없는 것과 같다. 그리고 물이 증발하면서 설탕과 소금으로 돌아온다. 즉 설탕과 소금물을 이루는 분자의 구조는 절대 변하지 않으므로 이것을 물리적 변화라 한다.

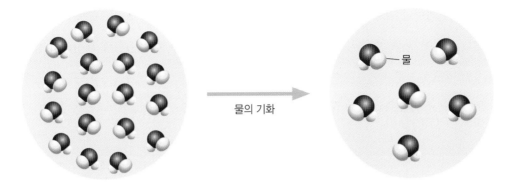

물의 기화

4) 분자요리의 화학적 변화

화학적 변화는 물질이 다른 물질과 반응하여 원래의 성질과 다른 새로운 물질로 변화하는 것을 말한다. 설탕을 가열하면, 갈색으로 변하다가 나중에는 단맛이 없어지고 쓴맛만 느껴진다. 이것이 대표적인 화학적 변화이다. 물을 전기분해하면 물분자를 구성하는 산소원자와 수소원자의 배열이 변하면서 산소분자와 수소분자를 형성한다. 즉 구성하는 원자의 배열이 변하여 분자의 종류가 달라져 성질이 전혀 다른 새로운 물질이 생성되는 것을 화학적 변화라 한다.

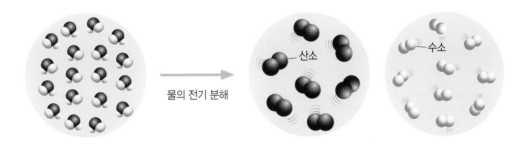

물의 전기 분해

④ 분자요리 조리방법

최근 요리사가 단순화된 식재료를 무한 변화시키고 있다. 다양한 방법을 통해 새로운 질감을 만들고, 향, 맛, 색깔, 영양을 조리응용과학을 통해 승화시키고 있다. 분자요리의 기본은 재료가 가진 맛과 향을 유지하면서 여러 형태로 다양하게 변화시키는 것이다.

1) 수비드 조리기법(Sous Vide Cooking Technique)

수비드(Sous Vide) 조리기법은 프랑스어로 진공상태라는 뜻으로 한국어로는 진공 저온, 영어로는 Under Vacuum이라 한다. 그러므로 항상 공법 또는 조리법을 붙여야 한다. 위생적으로 안전한 비닐(Vinyl)팩에 요리재료를 넣고 부가적인 양념 등을 넣은 상태로 진공(Vacuum)포장한 후 일반적인 물의 온도보다 낮은 56~65℃의 수조에서 장시간 동안 저온조리하는 진공 저온조리를 수비드 조리라 한다. 조리법은 장시간 조리하여 맛과 향, 수분, 질감, 영양소를 보존하며 조리하는 것이다. 식품 재료에 대한 기본 지식과 과학적인 분석을 통한 정확한 온도, 균일한 열전달을 통해 새로운 질감과 맛, 향, 수분을 포함한 음식을 만드는 기법(Technique)이라 한다.

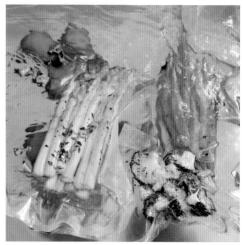

2) 구체화기법(Specificity Technique)

구체화기법(Specificity Technique)은 구상화 혹은 구형화 기법이라고도 한다. 식품첨가물로 알긴산나트륨(Alginic acid)과 염화칼슘(Calcium chloride)을 사용하여 만든다. 과일주스와 같이 칼슘이 없는 식재료에 알긴산을 넣어 섞은 후 염화칼슘용액에 떨어뜨려 동그란 원 모양으로 만드는 기법을 다이렉트(Direct)기법이라 한다. 그리고 우유와 같이 칼슘이 포함된 식재료는 알긴산용액에 떨어뜨려 동그란 원 모양으로 만드는 것을 리버스(Reverse)기법이라 한다.

3) 젤리화기법(Jellification Technique)

과일의 펙틴과 해조류의 한천, 동물의 젤라틴을 이용해 젤리화시키는 방법을 젤리화기법이라 한다. 이러한 조리방법은 과거에도 많이 사용하였다. 현재 파스타를 젤리로 만들고 스테이크 소스를 카라기난 겔화제를 넣어 판으로 만들어 소스로 제공하는 등 다양한 조리방법에 활용되고 있다.

 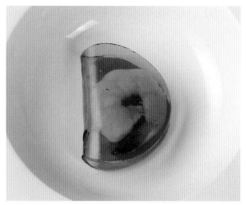

4) 유화기법(Emulsion Technique)

유화기법은 물과 지방은 매개체로 썩히지는 않으나 서로 연결하는 성질을 말한다. 에멀전(emulsion)은 우유와 같이 된다는 의미로 우유가 물과 지방 등 여러 가지 성분으로 이루어진 대표적인 유화액인 것에서 유래되었다. 대표적인 음식으로는 마요네즈(mayon-naise)가 있다. 기름방울과 물분자 중간에 존재하는 계면활성제 분자들에 의해 안정을 유지하는 것을 에멀전(emulsion)이라 한다. 에멀전은 일반적으로 섞이지 않는 두 액체를 결합하여 만든 특별한 유형의 혼합물이다. 에멜전의 종류로 대표적인 것이 레시틴(lecithin)과 수크로스(sucrose), 글리세린 플레이크(glycerin flake) 등이다.

5) 탄산화기법(Carbonation Technique)

탄산화기법(Carbonation Technique)은 이산화탄소가 요리에 직접적 또는 간접적으로 사용되는 방법이다. 요리과정에서 자연적으로 발생하는 이산화탄소를 이용하거나 음식에 직접 사용하는 경우이다. 대표적인 방법은 사이펀을 이용한 기법으로 사이펀 안에 과일을 넣고 이산화탄소 캡슐을 주입하여 과일에 탄산화가 이루어지는 방법과 드라이아이스에서 발생하는 이산화탄소를 활용한 방법 등이 있다.

6) 거품추출기법(Foam Abstract Presentation)

거품은 액체, 고체, 기체 형태로 구성되어 3가지 상태가 혼합된 것으로 분자조리용어로 폼(Foam)이라 한다. 액체상태가 거품(Foam)형태가 되면 새로운 질감과 향, 맛을 느낄 수 있다. 거품(Foam)기법에 가장 많이 사용되는 첨가물은 레시틴이다. 레시틴은 거품을 형성하고 거품의 구성시간을 연장시켜 줌으로써 새로운 맛을 만들 수 있다. 거품 추출법을 이용한 요리에는 전채요리에서 거품 소스(드레싱), 수프, 초콜릿 퓌레, 수플레 등으로 다양하다.

7) 농밀기법(Densification Technique)

농밀기법은 수프나 소스에 농도를 내는 루(Roux) 등을 말한다. 음식에 농도를 내어 질감이 풍부하고 맛이 진한 음식을 만들 수 있다. 그러나 루(Roux)는 버터와 밀가루를 사용하여 음식 맛에 영향을 준다. 분자요리에

많이 사용하는 농밀재료는 잔탄검과 타피오카 전분을 주로 사용한다.

8) 액화질소기법(Nitrogen Technique)

액화질소(Nitrogen)는 대기의 78%를 차지하는 비활성 기체로서 독성이 없고 인화성이 없다. 질소의 끓는 점은 −196℃이다. 드라이아이스 −78.5℃, 액체 헬륨은 −296℃이다. 동식물의 생체조직이나 푸딩같이 액체를 함유한 고체를 액체질소에 넣었다 빼면 깨뜨릴 수 있는 수준으로 냉동되는 성질을 이용하여 아이스크림을 만들거나 셔벗(Sherbet)을 만드는 등 다양한 요리에 사용한다.

9) 사이펀기법(Siphon Technique)

사이펀기법은 거품기법의 일종으로 액체상태에 거품을 넣어 새로운 질감, 향, 맛을 첨가하는 방법이다. 사이펀을 이용하여 질소가스 캡슐을 이용하여 거품을 발생시킨다. 주로 에스푸마를 만드는 방법이다. 에스푸마는 약간의 젤라틴이 함유된 물이나 액체 혼합물 등을 휘핑 사이펀에 넣어 짜낸 차가운 또는 더운 거품이나 퓌레를 말한다. 사이펀에 향과 맛을 낸 혼합물을 채워 넣은 뒤 가스 캡슐을 장착하고 눌러 짜면 아주 가벼운 질감의 거품을 만들 수 있다. 1994년 스페인 엘 불리(El Bulli) 레스토랑 페난 아드리아(Farran Adria) 셰프가 흰강낭콩,

비트, 아몬드 퓌레와 디저트 타르트를 채우기 위한 차가운 거품을 만드는 데 처음 이 기법을 사용하였다.

⑤ 분자요리 조리기구 및 도구

분자요리 조리기구는 일반적인 도구와 차이점이 있다. 수비드 조리에 사용되는 조리기구는 일정한 온도를 유지하면서 물을 순환시켜 주는 기구와 진공할 수 있는 기구 등이 필요하듯이 분자요리 방법에 따라 여러 가지 기구와 도구가 필요하다.

1) 진공 저온 조리기(Sous Vide Cooking)

물을 순화시켜 온도를 일정하게 유지시키는 도구로 1℃ 단위로 온도를 컨트롤할 수 있어야 한다. 저온에서 오랜 시간 조리해야 하므로 내구성이 좋아야 한다. 요즘은 와이파이(wifi) 등을 이용하여 온도조절 가능하며 용량에 따라 크기도 다양하다.

2) 진공포장기(Vacuum Package Machine)

비닐팩을 이용하여 음식 재료 등의 공기 접촉을 차단하고 외부의 각종 오염물질로부터 변질되는 것을 방지하기 위해 진공포장하는 기계로 크기에 따라 가정용, 공업용이 있다. 식품재료를 보존하거나 수비드 조리에 사용된다.

3) 액체 질소(Nitrogen) 용기

액체 질소를 담는 용기로 외부는 스테인리스 스틸로 되어 있고, 내부는 테플론과 고무 코팅으로 되어 있어 질소를 담아도 안전하도록 만든 용기이다. 액체 질소는 -196℃로 위험한 물질이므로 안전하게 보관할 수 있는 용기여야 한다.

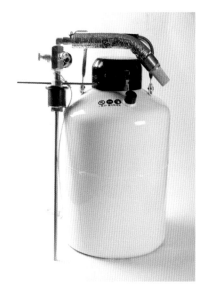

4) 액체 질소(Nitrogen) 장갑

액체 질소를 사용할 때 사용하는 장갑으로 액체 질소는 온도가 낮기 때문에 부상을 방지하기 위해 꼭 착용해야 한다.

5) 동결 건조기(Freezing Dryer)

냉동 건조 또는 동결 건조에 사용한다. 동결 건조는 식품의 보존이나 운반을 편하게 하기 위해 사용한다.

6) 급속 냉동기(Quick-freezer)

식품의 온도를 매우 낮은 상태(-50)까지 급속하게 떨어뜨려 보존하는 기계로 심한 결정화 현상 없이 식품의 심부 온도를 -18℃ 이하로 만들 수 있다.

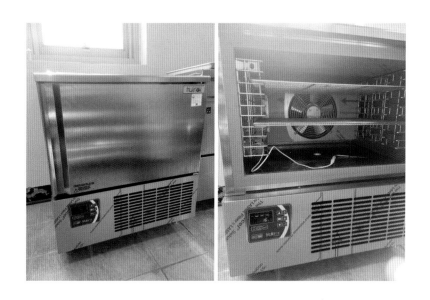

7) 스모킹 건(Smoking Gun)

즉석에서 훈제할 수 있는 훈제 조리도구로 간편하게 휴대하면서 사용할 수 있는 장점이 있다. 기계 내부에 참나무 톱밥을 넣고 불을 붙이면 연기가 나와 훈제할 수 있는 도구이다.

8) 타공 스푼(Sieve Spoon)

물이 잘 빠지도록 구멍이 있어 액체 속 음식물들을 꺼낼 때 주로 사용한다. 분자요리에서는 구체화 기법에 캐비아, 원구 등을 만들 때 사용한다.

9) 스포이트 피펫(Spuit Pipette)

실험실에서 액체를 빈 공간에 채울 때 쓰는 도구로 액체 소스를 제공하거나 미세한 액체를 옮길 때 사용한다.

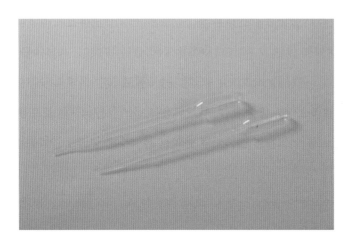

10) 핀셋(Pincette)

손으로 집기 어려운 작은 물건을 잡을 때 사용하거나 미세한 물체를 옮길 때 사용한다. 분자요리는 미세하게 작업해야 하는 경우가 많아 꼭 필요한 도구이다.

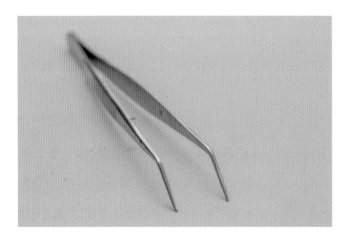

11) 실리콘 호스(Silicone Hose)

젤라틴 또는 한천 등을 이용하여 다양한 누들을 만들 때 사용한다. 액체를 호스에 주입하고 차가운 얼음물에 굳힌 후 주사기로 압력을 가해서 누들을 만들 때 사용한다.

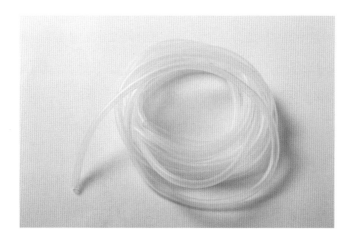

12) 타이머(Timer)

분자요리할 때 시간을 확인하는 도구로서 수비드 조리 등 시간이 매우 민감할 때 사용한다.

13) 진공 팩(Vacuum pack)

진공상태로 만들 수 있는 비닐팩으로 일반 비닐팩보다 두꺼운 것이 특징이다. 진공포장은 음식의 저장성을 높이고 미생물 번식을 억제하여 식품을 안전하게 보관할 수 있다.

14) 주사기(Syringe)

구체화 기법 캐비아(Caviar)를 만들 때나 실리콘 튜브를 이용하여 치즈, 채소 등 파스타를 만들 때 사용하며, 미세하게 다른 물질 속에 넣을 때 등 다양하게 사용한다.

15) 건조기(Drying Machine)

과일, 채소 등 다양한 식재료를 건조시킬 때 사용된다. 채소 칩, 폼 칩 등의 조리에 사용한다.

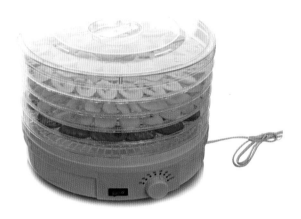

16) 실리콘 몰드(Silicone Mold)

다양한 모양으로 음식을 디자인하여 모양을 예쁘게 만들기 위해 사용한다. 디저트, 전채요리 등에 다양하게 사용한다.

17) 핸드 블렌더(Hand Blender)

소량의 식재료를 갈고 섞는 등 다양한 용도로 사용된다. 분자요리에는 거품을 내거나 섞을 때 많이 사용한다.

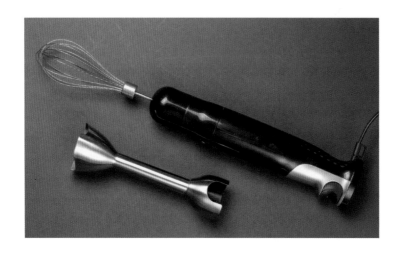

18) 소형 믹서기(Mixer)

소량의 식재료를 갈거나 거품 낼 때 또는 반죽 등 다양한 용도로 사용한다.

19) 적외선 온도계(Infrared Thermometer)

음식의 온도를 빠르고 정확하게 확인할 때 사용한다. 분자요리에서 미세한 온도 등을 확인하면서 조리할 때 사용한다.

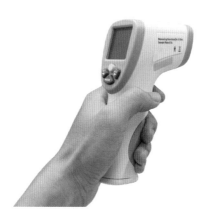

20) 안티 그리들(Anti-Griddle)

액체크림 등의 재료를 순간적으로 바깥쪽만 냉동시키는 기구이다. 순간적으로 얼려 다양한 질감을 표현할 수 있다.

21) 기포 발생기(Bubble Generator)

분자요리에서 거품을 낼 때 사용하는 도구로 액체에 공기를 주입하여 거품을 발생시킨다. 핸드 믹서기로 만든 거품은 작지만 기포 발생기로 낸 거품은 크다.

22) 사이펀

주로 휘핑크림을 만드는 도구로 질소가스나 탄산가스를 주입하여 사용한다. 분자요리에서는 에스푸마 등을 만들 때 다양하게 사용된다.

23) 질소가스

1회용 질소가스는 휘핑크림 제조 등에 사용된다. 분자요리에서는 에스푸마를 만들거
나 거품이 풍부한 참외 수프를 만들 때 사용한다.

24) 디지털 온도계

분자요리에서 온도는 매우 민감하다. 1℃ 단위로 확인할 수 있는 디지털 온도계로 수비
드 조리 시 수조 온도 확인 등에 다양하게 사용된다.

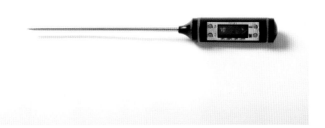

25) 훈연기

다양한 식재료에 나무향을 넣어 향과 맛을 향상시킬 수 있으며 보존기간을 늘릴 수 있는 기계이다. 육류나 생선에 주로 사용된다.

26) 훈연칩

훈연에 사용되는 나무를 향에 따라 다양하게 사용할 수 있는 재료이다. 참나무칩은 뒷맛이 은은하게 나며 사과나무칩, 포도, 체리나무칩은 달콤한 순한맛이 난다.

27) 모양틀

일정한 모양으로 만들 수 있는 도구로 원형, 하트, 별모양 등으로 다양하게 생산된다.

28) 실리콘 베이커리 시트

열에 견딜 수 있는 실리콘으로 되어 있어 제과제빵 쿠키반죽을 성형해서 구울 때 사용한다. 분자요리에서는 판으로 된 젤리를 만드는 등 다양한 용도로 사용된다.

6 분자요리 식품 첨가물

1) Agar(아가: 한천)

- 우뭇가사리과의 해초로 동결 탈수하거나 압착 탈수하여 건조시킨 식품이다. 가루로 만들어 교질화 재료로 많이 쓰인다.
- 용도: 양갱, 젤리, 발사믹 캐비아 등

2) Calcium Chloride(염화칼슘)

• 염소(Cl)와 칼슘(Ca)이 반응하여 만들어진 이온성 화합물로 이수화물 및 무수물은 조해성이 강해서 수분을 잘 흡수하여 장마철 건조제로 많이 사용한다. 겨울철 눈에 염화칼슘을 뿌리면 주변의 습기를 흡수하여 녹이므로 제설제로 사용한다. 의약품으로 링거액 등으로 사용된다. 칼슘제 중에서 가장 흡수가 빠르며 직접 복용하면 위를 상하게 하므로 주로 주사제로 사용한다.

• 용도: 구체화기법 캐비아 등

3) Carrageenan(카라기난)

• 홍조류의 Irish Moss로부터 열수 추출하여 얻는 다당류이다. 바닷말에서 추출한 콜로이드로 젤리, 유제품 등의 안정제, 점도 조절제로 쓰인다. JECFA(식품첨가물전문가위원회)에서 식품에 들어 있는 정도라면 평생 섭취해도 유해하지 않다고 한다. 국제암연구소에서는 3등급(인체발암성미분류물질)으로 분류하고 있다.

• 용도: 젤리화기법 등

4) Dextrose(우선당)

• 덱스트로스. 백색의 결정성 분말로 포도당의 일종이며 옥수수로 만든 설탕 유형으로 과당과 유사하고 혈당인 포도당(Glucose)과 화학적으로 동일하며 반죽이 부풀어오

르는 시간을 최대한 줄이는 역할을 한다.

- 용도: 제과제빵용 등

5) Glucose(포도당)

- 대표적인 알도헥소스. D-포도당을 포도당이라 한다. 유리상태에서 단맛 나는 과실에 다량 존재하고 동물에서는 혈액, 뇌척수액, 림프액 속에 소량으로 함유되어 있다. 요리에 사용되는 포도당은 물엿(Starch Syrup)이다. 물엿은 설탕의 재결정화를 늦추고 수분 감속을 억제하는 효과가 있다.

- 용도: 음식 조리 시 사용

6) Lecithin(레시틴)

- 레시틴은 달걀과 대두, 곡물의 씨눈, 간 등에서 추출한 천연 유화제로서 항산화작용, 이형작용, 분산작용을 한다. 마가린, 초콜릿, 버터 등에서 점도 저하를 막고 보수작용, 기포, 소포작용, 전분이나 단백질과의 결합성 등 때문에 다양한 방면에서 유용하게 활용된다. 마요네즈나 거품소스를 만들 때 거품의 안정제로 사용된다.

- 용도: 거품(Foam)기법 등

7) Liquid Nitrogen(액체 질소)

- 질소의 끓는점은 -196℃이다. 상온에 방치한 액체 질소는 -196℃로 초전도 현상 및 다양한 특성을 가진 첨단소재 개발에 이용되고 있다. 분자요리에서는 즉석 아이스크림이나 셔벗 등 액체 질소로 형태를 만들기 어려운 재료를 급속 냉각시켜 원하는 모양을

만들 때 사용한다.

- 용도: 아이스크림, 셔벗, 올리브 오일 분말 등

8) Methylcellulose(메틸셀룰로오스)

- 복합구조의 설탕화합물로 비교적 찬 음식, 아이스크림, 샐러드 소스 등의 음식을 젤이나 시럽으로 만들어준다.
- 용도: 아이스크림, 샐러드 드레싱 등

9) Sodium Alginate(알긴산나트륨)

- 식품의 점착성 및 점도를 증가시키고 유화안정성을 증진시키며 식품의 물성 및 촉감을 향상시키기 위한 첨가물이다. 해초에서 추출한 재료로 재료를 교질화 혹은 젤로 만드는 데 이용한다. 보통 캐비아 등을 만들 때 사용한다.

10) Sodium Citrate(구연산나트륨)

- 무색, 무취, 수용성의 결정 또는 입상 분말로 항응고제이다. 식품, 의약품에 사용되는 첨가제로 신맛이 있고 물에 잘 녹으며, 거담제나 이뇨제로 사용된다. 분자요리에서는 pH 농도를 조절하는 용도로 많이 사용된다.

- 용도: 구체화 기법, PH 농도 조절

11) Tapioca maltodextrin(타피오카 막토스트린)

- 일종의 변형 전분으로 지방질의 재료를 고체화 시키거나 안정화 시키는데 사용한다. 올리브 오일을 굳혀 파우더로 만들 수 있다.

- 용도: 베이컨 오일 파우더, 땅콩버터 가루, 올리브 오일 분말 등

12) Transglutaminase(트랜스글루타미나제)

- 고기 접착제로 단백질 응고작용을 하는 효소이다. 단백질조직을 단단하게 연결해 주는 역할을 한다. 조각을 큰 덩어리로 만들고, 생선이나 새우살로 국수나 얇은 판으로 만들 수 있다.
- 용도: 스테이크용 고기 등

13) Trimoline(트리몰린)

- 트리몰린은 전화당이라고도 한다. 설탕을 산이나 효소로 가수분해하면 포도당과 과당이 만들어진다. 이것을 같은 양으로 혼합하여 만든 것이다. 트리몰린은 설탕보다 감미도가 약 1.3배 높다. 수분 보유력도 높기 때문에 보습효과가 뛰어나고 유통기간을 연장시켜 주는 역할을 한다. 열에 의한 갈변이 빨라 구울 때 색을 진하게 낼 수 있다. 보습력을 갖고 있어 베이커리, 디저트 요리의 수분이 날아가지 않도록 하며 부드러운 식감을 주어 당의 결정화를 방지한다.
- 용도: 디저트, 베이커리

14) Xanthan Gum(잔탄검)

- 옥수수를 발효해서 만든 일종의 점성제(Thickening agent)이다. 껌의 주원료이다. 온도와 산도에 안정적이어서 소스, 퓌레, 아이스크림, 치약에도 사용된다. 옥수수, 밀, 대두에서 얻어진다.
- 용도: 소스, 드레싱, 퓌레 등

MOLECULAR
COOKING

PART
2

분자요리
실무

PART 2
분자요리 실무

 ## 수비드 조리(Sous Vide Cooking Technique)

1) 수비드 조리의 역사

1799년 영국의 벤자민 톰슨(Benjamin Thompon) 백작이 수비드(Sous Vide) 이론을 처음으로 고안하였다. 1960년대부터 수비드 이론을 흥미롭게 생각한 퀴진 솔루션의 수석 연구자 브루노 구소(Bruno Goussault) 박사는 프랑스 식품학자로 수비드 요리를 식품학적 측면과 기술적 측면 등의 양면에서 개발하여 수비드 기술의 발전을 이루었다. 그는 미국 FAO에서 근무하다가 1972년 프랑스로 돌아와 수비드 요리 중 육류를 낮은 온도에서 요리하면 육즙도 보존되고 맛도 상승된다는 것을 발견하였다. 특히 박테리아 미생물을 꾸준히 연구하여 수비드 요리법을 만들어냈으며 진공포장을 활용한 저온 수비드 요리법을 개발하여 현대 주방에까지 실용화되도록 발전시켰다.

물리학자이자 동시에 군인, 정치가였던
벤자민 톰슨 백작

수비드의 아버지 '브루노 구소'

2) 수비드 조리법을 사용한 레스토랑

세계 최초로 수비드 조리법을 사용한 레스토랑은 1974년 조르주 프랄뤼(Georges Pra-lus)가 운영한 레스토랑에서 만든 푸아그라(Foie Gras)이다. 프랑스 조르주 프랄뤼는 실험을 통해 어류, 육류, 가금류, 채소류 등 수비드 조리법을 약 600여 가지 개발하여 『LA CUISINE SOUS VIDE』라는 제목의 책을 발간하여 수비드 조리법을 발전시켰다.

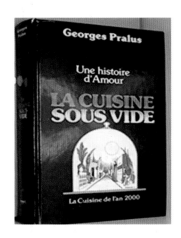

3) 수비드 조리법의 원리

육류의 주성분은 단백질로 고기가 익을수록 점차 단단해지고 질겨지는 것은 온도에 의한 단백질의 변성(수축) 때문이다. 이는 수비드 조리법의 핵심원리이다. 수비드 조리법의 원리는 온도에 의한 단백질 변성을 과학적으로 관리하는 것이다. 단백질의 변성 시작 온도를 정확히 파악하여 적당한 온도와 시간을 조절하는 것이 핵심이다.

미오신(myosin)은 50℃(어패류의 경우 40℃), 콜라겐은 40℃, 액틴(actin)은 66℃이다. 미오신과 콜라겐은 부드럽게 변성시켜야 한다. 특히 액틴(actin)은 변성하면서 수축되어 질겨진다. 변성되는 것을 최대한 늦추기 위해 50℃ 이상 65℃ 이하의 온도에서 장시간 조리하는 것이 수비드 조리법의 핵심이다.

수비드 조리기술을 이용해서 조리하려면 온도를 고려하고 식재료의 특성과 성분을 파악해야 한다. 특히 재료의 근섬유 조성에 따라 단백질 변성온도가 차이날 수 있기 때문에 정확히 파악해야 한다.

육류의 근육 단백질 단면은 액틴, 미오신을 근섬유가 둘러싸고 있으며 액틴, 미오신은 고기의 맛과 질감을 결정하는 가장 중요한 성분이다. 또한 콜라겐은 결합조직이다. 육류를 가열하면 단백질 분자 내의 구조변화로 변성현상이 발생한다. 변성현상으로 인해 단백질의 가용성이 감소되고 응고되면서 고기의 질감에 큰 영향을 미친다.

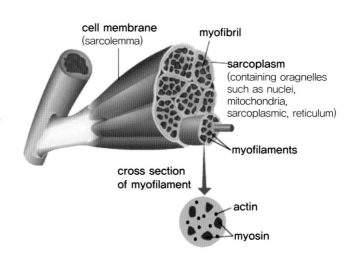

메일라드 반응(Maillard 반응, 마이야르 반응): 아미노산의 아미노기와 탄수화물 환원당이 반응하여 갈색 색소를 생성하는 대표적인 비효소적 반응으로 착색과 향기성분 생성, 항산화성 생성 등이 이루어진다.

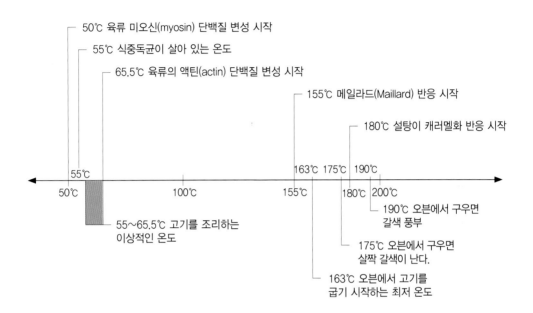

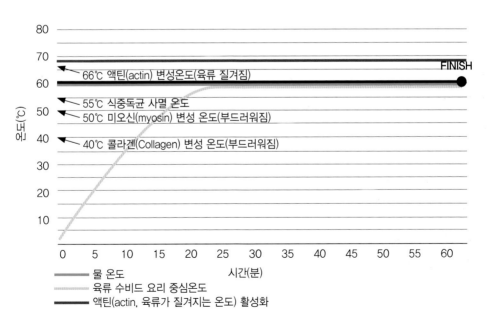

육류는 근섬유에 따라 고기가 질겨지거나 부드러워진다. 단백질은 40℃ 이상에서 변성되기 시작한다. 50℃에서 섬유소가 수축되며 55℃에서 미오신의 섬유부분이 응고되고 콜라겐이 응고되기 시작한다. 미오신은 액틴과 함께 근육 수축에 필요한 단백질이다. 60℃ 이상으로 가열하면 콜라겐의 3중 나선이 분해되면서 질긴 콜라겐이 부드러운 젤라틴으로 변하게 된다. 이 온도를 중심으로 각 육류가 부드러워지는 최적의 환경을 찾는 것이 중요하다.

4) 수비드 조리법과 식중독

수비드는 낮은 온도로 조리하기 때문에 온도를 정확하게 지켜주지 않으면 식중독균이 증식하기 좋은 환경을 만들어 심각한 문제가 발생된다. 진공포장이 호기성(=산소가 필요한) 식중독균을 증식을 억제하지만 통성혐기성(=산소가 없어도 상관없는) 균에게 좋은 환경이 된다. 특히 아포를 생성하는 균의 경우 수비드 조리 후에도 증식할 수 있다. 수비드 조리 시 식중독을 예방하려면 50℃ 이상의 정확한 온도로 조절하고 재료 중심부 온도(코어온도, Core temperature)를 정확히 확인해야 한다. 또한 수비드 조리작업이 완료된 후 얼음물에 담가서 식중독을 예방할 수 있다.

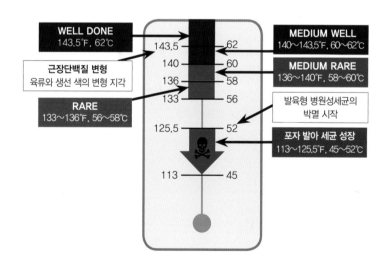

⚛ 코어온도(Core temperature) : 식품의 중심부 온도를 말한다. 코어는 사물의 중심, 지구의 중심핵을 뜻한다.

5) 수비드 조리에 필요한 장비

• 진공포장기: 재료를 진공포장하기 위한 기구이다.

• 진공포장지: 재료를 진공포장하는 두꺼운 비닐이다.

• 온도조절기: 온도를 일정하게 유지하는 기구이다.

• **물순환기**: 균일한 열 전달을 위해 물을 순환시켜 주는 장치이다.

• **히터**: 물 온도를 올려주는 장치로 온도센서와 연동시켜 정확한 온도를 유지한다.

• **타이머**: 정확한 시간을 맞추는 기계이다.

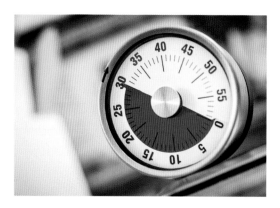

수비드 조리 시 재료별 요리 시간 및 온도(Sous Vide Cooking Temperatures and Times)

음식(Food)			두께 (Thickness)	온도(Tem- peratures)	시간(Time)	
					평균(Min)	최대(Max)
Beef, Lamb	Tender Cuts	Tenderloin, T-bone, Rib-eye, Chop, Cutlets	2.5cm	56.5℃	60분	240분
			5cm	56.5℃	120분	360분
	Tough Cuts	Lamb Roast, Lamb Leg	7cm	56.5℃	10시간	24~48시간
		Spare Ribs	5cm	56.5℃	24시간	48~72시간
		Brisket, Flank Steak	5cm	56.5℃	12시간	30시간
Pork		Tenderloin	4cm	56.5℃	100분	7~9시간
		Chop, Cutlets	2.5cm	56.5℃	2~4시간	6~8시간
		Baby Back Ribs	5cm	56.5℃	4~9시간	24시간
		Roast	7cm	64℃	13시간	30시간
		Belly(Quick)	5cm	64.5℃	5시간	8시간
		Belly(Slow)	5cm	63.5℃	24시간	48~72시간
Poultry		Chicken Breast(Bone in)	5cm	63.5℃	180분	4~6시간
		Chicken Breast(Bone- less)	2.5cm	63.5℃	60분	2~3시간
		Duck Breast	2.5cm	63.5℃	90분	3~5시간
Seafood		Halibut, Sole, Salmon, Trout, Mackerel, Snapper	1.5~2.5cm	52℃	20분	30분
		Lobster	2.5cm	60℃	45분	60분
		Shrimp	1.5cm	42℃	30분	40분
		Scallop	2.5cm	40℃	40분	60분
Veg- eta- ble	Root	Carrots, Beet, Potato, Turnip, Celery Root	2.5cm	84℃	1.5~2시간	3시간
			2.5~5cm	84℃	3시간	4시간
	Tender	Asparagus, Corn, Squash, Broccoli, Cau- liflower, Fennel, Egg- plant, Fresh Peas	2.5cm	84℃	10~30분	60분
Egg		Soft Cooked in Shell(Quick)	60g	75℃	15분	18분
		Soft Cooked in Shell(Slow)	60g	63.5℃	55분	90분
		Head Cooked in Shell	60g	71℃	50분	90분

* 일부 요리는 56.5℃(Medium Rare) 기준으로 작성됨

출처: Sousvidesupreme.com 저자 재구성

Sous Vide Cooking Egg
달걀 수비드 조리

Ingredients

달걀(Egg) 6ea

Cooking Method

1_ 수비드 머신에 물을 채우고 63.5℃로 맞추어 놓는다.

2_ 달걀이 터지지 않도록 넣고 타이머 맞추어 수비드(Sous Vide)로 조리한다.

3_ 얼음물에 담가 식혀서 사용한다.

· 63.5℃ 50분 / 63.5℃ 55분

· 63.5℃ 60분 / 63.5℃ 65분

· 63.5℃ 70분 / 63.5℃ 75분

⚛ **달걀 수비드 조리** : 달걀을 수비드하면 안쪽(노른자)과 같이 익어 달걀을 깨면 수란처럼 만들 수 있으므로 샐러드 등에 유용하게 활용할 수 있다.

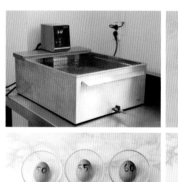

Sous Vide Cooking Chicken Breast

닭가슴살 수비드 조리

Ingredients

닭가슴살(Chicken Breast) 100g	월계수 잎(Bay Leaf) 1p
올리브 오일(Olive Oil) 30ml	소금(Salt) 0.5g
로즈메리(Rosemary) 1g	통후추(Whole Pepper) 0.5g
타임(Thyme) 1g	

Cooking Method

1_ 닭가슴살은 깨끗이 손질하여 올리브 오일 10ml, 로즈메리 1줄기, 타임 1줄기, 후추, 소금을 넣어 간을 한다.

2_ 양념한 닭가슴살을 진공팩에 넣어 진공한다.

3_ 수비드 머신을 63.5℃에 맞추고 온도가 올라오면 닭가슴살 진공팩한 것을 넣고 1시간 동안 수비드한다.

4_ 얼음물에 담가 식혀서 사용한다.

Sous Vide Cooking Pork Belly
삼겹살 수비드 조리

64.5℃
12시간

Ingredients

삼겹살(Pork Belly) 300g

물(Water) 400ml

정향(Clove) 3개

미림(Mirim) 30ml

월계수 잎(Bay Leaf) 2p

소금(Salt) 15g

통후추(Whole Pepper) 10개

Cooking Method

1_ 삼겹살은 손질하여 올리브 오일, 물 2컵, 월계수 잎 2장, 미림 30ml, 정향 5개, 통후추 10개, 소금 15g을 넣고 끓여 식힌 뒤 삼겹살을 넣고 1시간 이상 염지한다.

2_ 염지한 삼겹살을 진공팩에 넣어 진공한다.

3_ 수비드 머신을 64.5℃에 맞추고 온도가 올라오면 삼겹살을 넣고 12시간 동안 수비드 조리한다.

4_ 얼음물에 담가 식힌다.

5_ 두꺼운 팬에 오일을 넣고 표면이 갈색이 나도록 구워서 사용한다.

Sous Vide Cooking Shrimp
새우 수비드 조리

42℃
40분

Ingredients

새우(Shrimp) 100g

올리브 오일(Olive Oil) 30ml

딜(Dill) 1줄기

화이트 와인(White Wine) 15ml

레몬(Fresh Lemon) 1ea

타임(Thyme) 1g

월계수 잎(Bay Leaf) 2p

소금(Salt) 15g

통후추(Whole Pepper) 10개

Cooking Method

1_ 새우는 손질해서 올리브 오일 30ml, 딜 1줄기, 타임 1줄기, 레몬 1조각, 화이트 와인 15ml, 소금, 후추로 양념한다.

2_ 진공 비닐에 넣고 진공팩을 한다.

3_ 수비드 머신을 42℃에 맞추고 온도가 올라오면 새우 넣고 40분간 수비드 조리한다.

4_ 얼음물에 담가 식혀서 완성한다.

Sous Vide Cooking Carrot

84℃
10분

당근 수비드 조리

Ingredients

당근(Carrot) 100g

소금(Salt) 0.5g

올리브 오일(Olive Oil) 30ml

후추(Pepper) 0.5g

Cooking Method

1_ 당근은 껍질을 제거하고 일정한 모양으로 손질한다.

2_ 올리브 오일 30ml, 소금, 후추로 간해서 진공 비닐에 넣어 진공한다.

3_ 수비드 머신을 84℃에 맞추고 온도가 올라오면 당근을 넣고 10분간 수비드 조리한다.

4_ 얼음물에 담가 식혀서 사용한다.

Sous Vide Cooking Asparagus

아스파라거스 수비드 조리

Ingredients

아스파라거스(Asparagus) 100g	소금(Salt) 0.5g
올리브 오일(Olive Oil) 30ml	후추(Pepper) 0.5g

Cooking Method

1_ 아스파라거스의 밑부분을 잘라내고 껍질을 얇게 벗겨낸다.

2_ 올리브 오일 30ml, 소금, 후추를 넣고 진공 비닐에 담아 진공한다.

3_ 수비드 머신을 84℃에 맞추고 온도가 올라오면 아스파라거스를 넣고 10분간 수비드 조리한다.

4_ 얼음물에 담가 식혀서 사용한다.

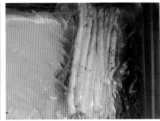

Sous Vide Cooking Broccoli

브로콜리 수비드 조리

Ingredients

브로콜리(Broccoli) 100g

올리브 오일(Olive Oil) 30ml

소금(Salt) 0.5g

후추(Pepper) 0.5g

Cooking Method

1_ 브로콜리는 먹기 좋은 크기로 다듬어준다.

2_ 올리브 오일 30ml, 소금, 후추를 넣고 진공 비닐에 담아 진공한다.

3_ 수비드 머신을 84℃에 맞추고 온도가 올라오면 브로콜리를 넣고 10분간 수비드 조리한다.

4_ 얼음물에 담가 식혀서 사용한다.

② 구체화기법(Specificity Technique): 하이드로 콜로이드기법

구체화는 알긴산나트륨을 식품 재료에 섞고 염화칼슘 수용액에 떨어뜨려 동그란 모양을 만드는 방법이다. 구체화를 만들기 위해서는 수소이온농도(pH)가 중요하다. 일반적으로 pH 4~4.5가 가장 좋다. 수소이온농도가 강산성 또는 강알칼리성인 경우 산도 조절을 통해 만들어야 한다.

다음은 구체화기법에 영향을 주는 중요한 요소이다.
- 수소이온농도 pH 4~4.5
- 알긴산 pH 2.5~2.8 물에 녹지 않고 pH 5.8에서 녹는다.
- 구연산(citric) pH 조절제 사용

1) 알긴산(Alginic Acid)

알긴산은 미역, 다시마와 같은 갈조류에서 추출되고, 다양한 의공학적인 응용에 이용되는 천연고분자로서 생체적합성이 뛰어나고 독성이 낮으며 가격이 싸다. 알긴산의 분자구조는 D-만누론산과 L-글루론산이 블록공중합체 형태를 이루고 있기 때문에 L-글루론산 블록의 길이가 알긴산 하이로젤의 물리적인 성질을 결정하는 중요한 요소이다.

L-글루론산   D-만누론산

〈알긴산의 화학구조〉

알긴산은 미역, 다시마와 같은 갈조식물의 세포벽에 함유되어 있는 산이다. 정제품은 하얀 가루 형태로 사용된다. 알긴산은 열에 강해 끓는 물에 넣으면 용해되고 찬물에서는 천천히 용해된다. 아이스크림, 마요네즈, 마가린, 잼 등에 점성도를 증가시키기 위해 사용한다.

2) 염화칼슘(Calcium Chloride)

염소(Cl)와 칼슘(Ca)이 반응하여 만들어진 이온성 화합물로 흰색 분말(white powder) 상태이다. 천연으로는 해수 중에 약 0.15% 함유되어 있으며 하이드로필라이트, 복염의 형으로 타키하이드라이트 등의 광물로 산출된다. 식품 방부제로 사용되며 두부제 등으로도 사용된다. 이수화물 및 무수물은 조해성이 강하여 수분을 잘 흡수하므로 장마철 건조제로 많이 이용된다. 자기 무게의 14배 이상의 물을 흡수할 수 있다. 칼슘제 중에서 가장 흡수가 빠르며 직접 복용하면 위를 상하게 하므로 주로 주사제로 사용한다.

$$Cl^- \qquad Cl^-$$
$$Ca^{++}$$

〈염화칼슘(Calcium Chloride) 화학식: $CaCl_2$〉

3) 젖산칼슘(Calcium Lactate)

백색의 분말 또는 알맹이 형태로 냄새가 없거나 약간의 특이한 냄새가 난다. 물 5%에 녹고 더운물에 잘 용해된다. 다른 칼슘제보다 이용흡수율이 좋아 식품 강화용으로 사용된다. 밀, 쌀, 과자, 빵 등에 첨가제로 사용하며 특히 빵의 수소이온농도(pH) 저하 방지를 위해 사용된다. 과자에 합성팽창제의 완충제로 이용된다. 주요 용도는 강화제, 산도조절제,

밀가루 계량제이다. 우리나라에서는 사용기준이 정해져 있지 않으며 보통 식품에 1% 이하로 사용된다.

〈젖산칼슘($C_6H_{10}O_6Ca \cdot 5H_2O$)의 구조식〉

다이렉트(Direct)기법

Ingredients

알긴산 페스토

알긴산(Alginic Acid) 10g   물(Water) 300ml

염화칼슘 수용액

염화칼슘(Calcium Chloride) 10g   물(Water) 300ml

구체화 만들기

알긴산 페스토(Alginic Acid Pesto) 15ml   염화칼슘 수용액(Calcium Chloride Water) 300ml

망고주스(Mango Juice) 200ml

Cooking Method

알긴산 페스토

1_ 알긴산 10g, 물 300ml를 넣고 충분히 수화시켜 풀어준다.

2_ 냄비에 넣고 열을 가하여 70℃까지 올려 알긴산 페스토를 만든다.

3_ 체에 걸러 식힌 뒤 냉장고에 보관하여 사용한다.

염화칼슘 수용액

1_ 물 300ml에 염화칼슘 10g을 넣고 녹여 염화칼슘 수용액을 만들어 냉장고에 보관한다.

구체화 만들기

1_ 망고주스 200ml를 준비한다.(실온에 있는 것 사용)

2_ pH(수소이온농도)를 측정하여 pH 4~4.5 범위에 있는지를 확인한다.

3_ 망고주스 200ml, 알긴산 페스토 15ml를 넣고 섞어준다.

4_ 주사기에 넣어 염화칼슘 수용액에 떨어뜨려 망고 캐비아를 만든다.

5_ 망고 캐비아를 생수에 헹구어 접시에 담아 완성한다.

리버스(Reverse)기법

알긴산 페스토

알긴산(Alginic Acid) 10g	물(Water) 300ml

알긴산 수용액

알긴산 페이스트(Alginic Acid Paste) 15ml	물(Water) 300ml

구체화 만들기

알긴산 수용액(Alginic Acid Water) 215ml	젖산칼슘(Calcium Lactate) 5g
망고주스(Mango Juice) 200ml	

Cooking Method

알긴산 페스토

1_ 알긴산 10g, 물 300ml를 넣고 충분히 수화시켜 녹여준다.

2_ 냄비에 넣고 열을 가하여 70℃까지 올려 알긴산 페스토를 만든다.

3_ 알긴산 페스토는 냉장고에 보관하고 사용한다.

알긴산 수용액

1_ 물 300ml에 알긴산 페스토 15g을 넣고 풀어 준비한다.

구체화 만들기

1_ 망고주스 200ml를 준비한다.(실온에 있는 것 사용)

2_ 망고주스에 젖산칼슘 5g을 넣고 풀어준다.

3_ pH(수소이온농도)를 측정하여 pH 4~4.5 범위에 있는지를 확인한다.

4_ 스푼으로 떠서 알긴산 수용액에 떨어뜨려 망고 캐비아를 만든다.

5_ 망고 캐비아를 생수에 헹구어 접시에 담아 완성한다.

Balsamic Caviar

발사믹 캐비아

Ingredients

한천(Agar) 2g

발사믹 식초(Balsamic Vinegar) 200ml

올리브 오일(Olive Oil) 200ml

Cooking Method

1_ 냄비에 발사믹 식초 200ml, 한천 2g을 넣고 끓여서 녹여준다.

2_ 올리브 오일 200ml를 유리볼에 담아 냉장고에 보관한다.
(올리브 오일 대신 식용유를 사용해도 된다.)

3_ 주사기에 발사믹 식초를 넣고 올리브 오일에 떨어뜨려 캐비아를 만든다.

4_ 체에 건져 올리브 오일을 제거하고 발사믹 캐비아를 완성한다.

Red Chili-Pepper Paste with Vinegar Caviar

초고추장 캐비아

Ingredients

초고추장(Red Chili-Pepper Paste with Vinegar) 200ml

샐러드 오일(Salad Oil) 200ml

젤라틴(Gelatin) 1p

한천(Agar) 2g

Cooking Method

1_ 냄비에 초고추장 200ml, 젤라틴 1장, 한천 2g을 넣고 끓여서 녹여준다.

2_ 샐러드 오일 200ml를 유리볼에 담아 냉장고에 보관한다.

3_ 주사기에 초고추장을 넣고 샐러드 오일에 떨어뜨려 캐비아를 만든다.

4_ 체에 건져 샐러드 오일을 제거하고 초고추장 캐비아를 완성한다.

⊛ 샐러드 오일 대신 참기름을 사용하면 더욱 풍부한 맛을 낼 수 있다.

Sunny Side Up Cooking

서니 사이드 업 만들기

Ingredients

알긴산(Alginic Acid) 10g	우유(Milk) 200ml
염화칼슘(Calcium Chloride) 15g	소금(Salt) 1g
망고주스(Mango Juice) 200ml	설탕(Sugar) 15g
한천(Agar) 2g	이탤리언 파슬리(Italian Parsley) 2g

Cooking Method

1_ 우유 150ml, 한천 2g, 설탕 15g, 소금 1g을 넣고 끓여준다.

2_ 접시에 달걀 프라이 모양으로 담아준다. 가운데 달걀 노른자가 들어가도록 자리를 마련한다.

3_ 토치램프로 달걀 프라이처럼 색을 내준다.

4_ 구체화기법으로 망고주스로 달걀 노른자를 만든다.(망고 캐비아 만드는 법: 102쪽, 110~111쪽, 158쪽 참고)

5_ 망고로 만든 달걀 노른자를 우유로 만든 달걀 흰자위에 올려준다.

6_ 이탤리언 파슬리를 다져서 위에 뿌리고 페퍼밀로 후추를 뿌려 완성한다.

⚛ 서니 사이드 업은 달걀요리 모양을 하고 있는 디저트로 사용하면 좋다.

③ 젤리화기법(Jellification Technique)

젤리화기법(Jellification Technique)은 한천, 카라기난, 젤라검, 젤라틴을 이용하여 젤리화하는 방법으로 겔화제의 성질을 이용하여 다양하게 만들 수 있다.

1) 한천(Agar)

우뭇가사리과의 해초로 동결 탈수하거나 압착 탈수하여 건조시킨 식품이다. 가루로 만들어 교질화 재료로 많이 쓰인다. 한천은 수분 15%, 단백질 2%, 회분 3.5%, 지방 0.5%로 대부분이 다당류이다. 한천은 물과 친화력이 강해 수분을 일정한 형태로 유지하여 잼, 젤리 등의 식품가공에 이용된다.

〈한천(아가로스의 구조)〉

2) 카라기난(Carrageenan)

홍조류의 아이리시 모스(Irish Moss)로부터 열수 추출하여 얻는 다당류이다. 식품의 안정제, 분산제 등으로 광범위하게 사용된다. 카라기난의 원료인 아이리시 모스(Irish Moss)는 약 6백년 전부터 사용되어 왔으며 식생활에 이용되기 시작한 것은 19세기 중엽 아일랜드 남부 해안지방의 카라겐(Carragheen)이라는 마을에서 해안 거주민들이 식용으로 사용하던 데서 유래되었다. 카라기난은 물에 녹지 않지만 80℃에서 완전히 녹으며 50℃에서 젤화되기 시작한다. 이러한 성질을 이용하여 식품에 젤화제, 증점제, 안정제로서 생과자, 도넛, 빙과류, 청량음료, 어패류 가공품, 잼, 햄, 소시지 등에 첨가하여 사용한다. 첨가량은 0.03~0.5%이며 1일 허용 섭취량(ADI)은 책정되지 않았다. 카라기난은 보수력이 매우 우수하여 시간이 지나도 점도가 변하지 않는다. 분자요리에서는 젤화제로 젤리 등에 사용되며 젤화가 시작되면 잘 녹지 않아 소스를 판젤리로 만들어 사용한다. 미국과 일본에서 발암 논란이 제기되었지만 현재 안전한 식품첨가물로 재입증된 상태이다. 기본구조는 galactose polymer로, κ-carrageenan, λ-carrageenan, ι-carrageenan 등 6형으로 구분된다.

⟨κ-carrageenan⟩

⟨λ-carrageenan⟩

⟨ι-carrageenan⟩

3) 젤라틴

동물의 힘줄, 연골, 가죽 등을 구성하는 천연 단백질인 콜라겐을 끓이면 얻어지는 유도 단백질이다. 콜라겐에서 젤라틴으로 변하는 펩타이드 사슬의 가수분해에 의한 것이다. 차가운 물에서는 팽창하고 온수에는 녹아서 졸(Sol)이 되며 2~3% 이상 농도에서 탄성을 가지게 된다. 이 성질을 이용하여 젤리를 만들어 사용하며 젤리나 아이스크림, 마시멜로 등을 만드는 데 주로 사용되며 유도 단백질은 신체 건강을 유지하고 지방이 전혀 없어 다이어트식으로 사용되기도 한다. 음식을 보존이나 전시하기 위한 목적으로 사용되기도 한다. 분자요리에서는 젤리(Jelly), 퓌레(Puree), 누들(Noodle) 등을 만들 때 사용된다.

Soy Sauce Plate Jelly

간장 소스 판젤리

Ingredients

간장(Soy Sauce) 30ml

다시마 육수(Sea Tangle Stock) 200ml

설탕(Sugar) 10g

카라기난(Carrageenan) 5g

Cooking Method

1_ 다시마 육수 200ml, 간장 30ml, 설탕 10g, 카라기난 5g을 넣고 약한 불에서 천천히 끓여준다.

2_ 카라기난이 완전히 녹으면 실리콘 패드에 조심스럽게 부어준다.

3_ 실리콘 패드에 부어 식으면 용도에 맞게 자른다.

4_ 간장 판젤리가 완성되면 용도에 맞게 잘라 사용한다.(초밥 위나 스테이크 위에 올려서 사용한다.)

Assorted Pasta Jelly Technology

여러 가지 파스타 만들기

Ingredients

젤라틴(Gelatin) 1p	한천(Agar) 2g
복분자주스(Bokbunja Juice) 200ml	오렌지주스(Orange Juice) 150ml
오미자 원액(Omija Concentrate) 100ml	토마토 소스(Tomato Sauce) 150ml
설탕(Sugar) 5g	소금(Salt) 2g

Cooking Method

1_ 젤라틴과 한천을 물에 불린다.

2_ 오렌지주스 200ml, 젤라틴 1장, 한천 2g, 설탕 5g, 소금 1g을 넣고 끓여서 녹여준다.

3_ 스테인리스 볼에 얼음물을 준비한다.

4_ 실리콘 호스에 한천과 젤라틴 넣은 오렌지주스를 주사기로 채워 넣어 얼음물에 담근다.

5_ 파스타가 굳으면 주사기로 호스에 공기를 넣어 파스타를 빼서 완성한다.

6_ 복분자, 오미자도 같은 방법으로 파스타를 만든다.

Mussels Ravioli Carrageenan Technology

카라기난기법을 활용한 홍합 라비올리

Ingredients

카라기난(Carrageenan) 3g	다시마 육수(Sea Tangle Stock) 300ml
간장(Soy Sauce) 30ml	설탕(Sugar) 30g
레몬(Fresh Lemon) 1ea	양파(Onion) 30g
셀러리(Celery) 30g	월계수 잎(Bay Leaf) 2p
화이트 와인(White Wine) 30ml	홍합(Mussels) 3p
소금(Salt) 2g	통후추(Pepper) 4ea

Cooking Method

1_ 다시마 육수 300ml, 간장 30ml, 설탕 30g, 카라기난 3g을 넣고 끓여준다.

2_ 간장 젤리가 완전히 녹으면 체에 걸러 실리콘 시트에 얇게 펴준다.

3_ 물 200ml, 양파 30g, 셀러리 15g, 화이트 와인 30ml, 식초 5ml, 레몬 1개, 월계수 잎 2장, 통후추 4개, 소금 넣고 끓여 쿠르부용을 만들어 체에 걸러 홍합을 데친다.

4_ 간장 젤리 시트에 홍합 올리고 둥근 몰드로 찍어 자른다.

5_ 간장 젤리를 반으로 접어 홍합 라비올리를 만든다.

4 유화기법(Emulsion Technique)

Mayonnaise Technique
마요네즈 만들기

Ingredients

올리브 오일(Olive Oil) 200ml	달걀 노른자(Egg Yolk) 1ea
레시틴(Lecithin) 2g	식초(Vinegar) 5ml
머스터드(Mustard) 2g	레몬주스(Lemon Juice) 5ml
소금(Salt) 1g	후추(Pepper) 1g

Cooking Method

1_ 믹서기에 달걀 노른자 1개, 레시틴 2g, 머스터드 2g을 넣어 준비한다.

2_ 믹서기에 천천히 돌리면서 올리브 오일을 조금씩 넣으며 마요네즈를 만든다.

3_ 마요네즈가 만들어지면 식초, 레몬주스, 소금, 후추로 간을 한다.

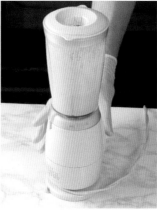

5 탄산화기법(Carbonation Technique)

Fruits Carbonated Gas Technique
과일 탄산화기법

Ingredients

탄산가스(Carbonated gas) 1p	포도(Grape) 100g
오렌지(Fresh Orange) 5ea	식초(Vinegar) 5ml
체리(Cherry) 10ea	설탕(Sugar) 10gl

Cooking Method

1_ 탄산가스를 사용할 수 있는 사이펀과 일회용 탄산가스를 준비한다.

2_ 포도 껍질과 씨를 제거하여 사이펀 안에 넣고 설탕 10g을 같이 넣는다.

3_ 탄산가스를 충전하여 냉장고에서 12시간 보관
한다.

4_ 12시간 보관한 사이펀에 탄산가스를 제거하고
포도를 꺼내서 완성한다.

5_ 탄산가스가 없을 시 스티로폼 박스에 드라이아이
스와 같이 보관하면 과일의 탄산화가 진행된다.

6_ 체리, 오렌지도 같은 방법으로 만든다.

거품 추출기법(Foam Abstract Presentation)

　거품은 액체, 고체, 기체 형태로 구성되어 3가지 상태가 혼합되어 있는 것으로 분자조리용어로 폼(Foam)이라 한다. 액체상태가 거품(Foam)형태가 되면 새로운 질감과 향, 맛을 느낄 수 있다. 거품(Foam)기법에 가장 많이 사용되는 첨가물은 레시틴이다. 레시틴은 거품을 형성하고 거품의 구성시간을 연장시켜 줌으로써 새로운 맛을 만들 수 있다. 거품추출법으로 만든 요리는 전채요리의 거품 소스(드레싱), 수프, 초콜릿 퓌레, 수플레 등으로 다양하다.

Pomegranate Foam
석류 거품기법

Ingredients

석류주스(Pomegranate juice) 200ml	레시틴(Lecithin) 5g
설탕(Sugar) 10g	레몬주스(Lemon Juice) 5ml
소금(Salt) 1g	

Cooking Method

1_ 석류주스 200ml, 레시틴 5g, 설탕 10g, 레몬주스 5ml, 소금 1g을 넣고 섞어준다.

거품 만드는 방법 1

1_ 레시틴 첨가한 석류 주스를 유리병에 넣어 기포 발생기에 넣고 기포를 만든다.

2_ 석류 기포가 올라오면 수저로 걷어서 음식에 사용한다.

거품 만드는 방법 2

1_ 레시틴을 첨가한 석류주스에 핸드 믹서기를 넣고 기울여가면서 기포를 발생시킨다.

2_ 석류 기포가 올라오면 수저로 걷어서 음식에 사용한다.

Saffron Foam

사프란 거품기법

Ingredients

사프란(Saffron) 1g

화이트 와인(White Wine) 200ml

레시틴(Lecithin) 5g

레몬주스(Lemon Juice) 10ml

소금(Salt) 1g

Cooking Method

1_ 화이트 와인 200ml를 사프란 1g에 넣어 충분히 우려낸다.

2_ 사프란 주스 200ml, 레시틴 5g, 레몬주스 5ml, 소금 1g을 넣고 섞어준다.

3_ 레시틴을 첨가한 사프란 주스에 핸드 믹서기를 넣어 거품을 발생시킨다.(핸드 믹서기를 약간 기울여서 해야 거품 발생이 잘된다.)

4_ 레시틴을 첨가한 사프란 주스를 유리병에 넣고 기포 발생기를 넣어 발생시키는 방법도 있다.

Lemon Foam
레몬 거품기법

Ingredients

레몬(Fresh Lemon) 2ea

설탕(Sugar) 10g

소금(Salt) 1g

레시틴(Lecithin) 3g

레몬주스(Lemon Juice) 200ml

Cooking Method

1_ 레몬주스 200ml에 레몬 2개의 즙을 짜서 넣고, 레시틴 3g, 설탕 10g, 소금 1g을 넣고 섞어준다.

2_ 레시틴을 첨가한 레몬주스에 핸드 믹서기를 넣어 거품을 발생시킨다.(핸드 믹서기를 약간 기울여서 해야 거품 발생이 잘된다.)

3_ 레시틴을 첨가한 레몬주스를 유리병에 넣고 기포 발생기를 넣어 발생시키는 방법도 있다.

농밀기법(Densification Technique)

　농밀기법은 수프나 소스에 농도를 내는 루(Roux) 등을 말한다. 음식에 농도를 내어 질감이 풍부하고 맛이 진한 음식을 만들 수 있다. 그러나 루(Roux)는 버터와 밀가루를 사용하여 음식 맛에 영향을 준다. 분자요리의 농밀 재료에는 잔탄검과 타피오카 전분을 주로 사용한다.

Sweet Pumpkin Puree

단호박 퓌레

Ingredients

단호박(Sweet Pumpkin) 400g	꿀(Honey) 30ml
잔탄검(Xanthan Gum) 2g	소금(Salt) 1g
후추(Pepper) 1g	

Cooking Method

1_ 단호박 껍질을 제거하고 물 300ml, 소금 1g을 넣고 삶아준다.

2_ 단호박이 충분히 익으면 삶은 물을 조금 남기고 남은 물은 제거한다.

3_ 삶아진 단호박에 꿀 30ml, 잔탄검 2g을 넣고 끓여 소금, 후추로 간을 한다.

4_ 믹서기에 넣고 갈아서 체에 내려 완성한다.

Carrot Puree

당근 퓌레

Ingredients

당근(Carrot) 200g

버터(Butter) 20g

설탕(Sugar) 30g

잔탄검(Xanthan Gum) 2g

소금(Salt) 1g

후추(Pepper) 1g

Cooking Method

1_ 당근 껍질을 제거하고 버터 20g, 물 300ml, 소금 1g을 넣고 삶아준다.

2_ 당근이 충분히 익으면 삶은 물을 조금 남기고 남은 물은 제거한다.

3_ 삶아진 당근에 설탕 30g, 잔탄검 2g을 넣고 끓여 소금, 후추로 간을 한다.

4_ 믹서기에 넣고 갈아서 체에 내려 완성한다.

Cauliflower Puree

콜리플라워 퓌레

Ingredients

콜리플라워(Cauliflower) 200g	버터(Butter) 20g
채소육수(Vegetable Stock) 300ml	잔탄검(Xanthan Gum) 2g
생크림(Fresh Cream) 30ml	소금(Salt) 1g
후추(Pepper) 1g	

Cooking Method

1_ 콜리플라워를 적당한 크기로 잘라 냄비에 버터 넣고 살짝 볶다가 채소육수 300ml, 소금 1g을 넣고 삶아준다.

2_ 콜리플라워가 충분히 익으면 삶은 육수를 조금 남긴다.

3_ 삶아진 단 콜리플라워에 잔탄검 2g, 생크림 30ml 넣고 끓여 소금, 후추로 간을 한다.

4_ 믹서기에 넣고 갈아서 체에 내려 완성한다.

Green Peas Puree

완두콩 퓌레

Ingredients

완두콩(Green Peas) 200g	버터(Butter) 20g
치킨스톡(Chicken Stock) 300ml	생크림(Fresh Cream) 30ml
잔탄검(Xanthan Gum) 2g	소금(Salt) 1g
후추(Pepper) 1g	

Cooking Method

1_ 완두콩의 물기를 제거하고 냄비에 버터를 넣어 살짝 볶는다.

2_ 치킨스톡 300ml, 소금 1g을 넣고 삶아준다.

3_ 완두콩이 충분히 익으면 삶은 치킨스톡을 조금 남긴다.

4_ 삶아진 완두콩에 잔탄검 2g, 생크림 30ml를 넣고 끓여 소금, 후추로 간을 한다.

5_ 믹서기에 넣고 갈아서 체에 내려 완성한다.

⑧ 액화 질소기법(Nitrogen Technique)

질소는 액화 질소(Nitrogen)가 대기의 78%를 차지하는 비활성 기체로서 독성이 없고 인화성이 없다. 질소의 끓는점은 −196℃이다. 드라이아이스 −78.5℃, 액체 헬륨은 −296℃이다. 동식물의 생체조직이나 푸딩같이 액체를 함유하고 있는 고체를 액체 질소에 넣었다 빼면 깨뜨릴 수 있는 수준으로 냉동되는 성질을 이용하여 아이스크림을 만들거나 셔벗(Sherbet)을 만드는 등 다양한 요리에 사용한다.

＊ **액화질소 구매법** : 가까운 가스 충전소에서 구매할 수 있으며 액화질소 통을 가져가야 구매가 가능하다. 가격은 리터에 660원 정도로 생수 가격보다 저렴하다.

Lemon Sherbet
레몬 셔벗

Ingredients

액화 질소(Liquid Nitrogen) 200ml	레몬(Fresh Lemon) 3ea
설탕(Sugar) 30ml	리큐르(Liqueur) 50ml
브랜디(Brandy) 5ml	소금(Salt) 약간

Cooking Method

1_ 액화 질소를 안전하게 보관한다.

2_ 레몬즙 2개를 짜서 준비하고 설탕 30ml, 리큐르 50ml, 브랜디 5ml를 넣어준다.

3_ 준비된 셔벗 재료에 액화 질소를 조금씩 넣어가며 저어서 셔벗을 만든다.

4_ 유리볼에 예쁘게 담아 완성한다.

Traditional Liquor Sherbet

전통주 셔벗

Ingredients

액화 질소(Liquid Nitrogen) 200ml   전통주(Traditional Liquor) 200ml

Cooking Method

1_ 액화 질소를 안전하게 보관한다.

2_ 준비된 전통주에 액화 질소를 조금씩 넣으면서 저어 셔벗을 만든다.

3_ 접시에 예쁘게 담아 완성한다.

사이펀기법(Siphon Technique)

사이펀기법은 거품기법의 일종으로 액체상태에 거품을 넣어 새로운 질감, 향, 맛을 첨가하는 방법 중 사이펀을 이용한 기법으로 구분한다. 사이펀을 이용하여 질소가스 캡슐을 이용하여 거품을 발생시킨다. 주로 에스푸마를 만드는 방법이다. 에스푸마는 약간의 젤라틴이 함유된 물이나 액체 혼합물 등을 휘핑 사이펀에 넣어 짜낸 차갑거나 더운 거품이나 퓌레를 말한다. 사이펀에 향과 맛을 낸 혼합물을 채워 넣은 뒤 가스 캡슐을 장착하고 눌러 짜면 아주 가벼운 질감의 거품을 만들 수 있다. 1994년 스페인 엘 불리(El Bulli) 레스토랑의 페난 아드리아(Farran Adria) 셰프가 흰 강낭콩, 비트, 아몬드 퓌레와 디저트 타르트를 채우기 위한 차가운 거품을 만드는 데 처음 이 기법을 사용하였다.

Gorgonzola Cheese Espuma
고르곤졸라 치즈 에스푸마

Ingredients

질소가스(Nitrogen Gas) 1ea	고르곤졸라 치즈(Gorgonzola Cheese) 70g
우유(Milk) 300ml	생크림(Fresh Cream) 50ml
소금(Salt) 1g	후추(Pepper) 1g

Cooking Method

1_ 냄비에 고르곤졸라 치즈 70g, 우유 300ml, 생크림 50ml를 넣고 끓여 소금, 후추로 간하여 식혀서 준비한다.

2_ 고르곤졸라 치즈 에스푸마 재료를 사이펀 안에 담는다.

3_ 사이펀에 넣고 뚜껑을 단단히 잠근 뒤 질소가스를 충전하여 흔들어서 냉장고에 2시간 이상 보관한다.

4_ 냉장고에서 꺼내어 앞뒤로 충분히 흔든 뒤 유리볼이나 접시에 짜서 담는다.

Green Peas Espuma
완두콩 에스푸마

Ingredients

질소가스(Nitrogen Gas) 1ea	완두콩(Green Peas) 200g
베이컨(Bacon) 50g	셜롯(Shallot) 20g
우유(Milk) 100ml	생크림(Fresh Cream) 50ml
치킨스톡(Chicken Stock) 300ml	후추(Pepper) 1g
소금(Salt) 1g	

Cooking Method

1_ 베이컨은 1.5cm의 사각형으로 자르고 셜롯은 다져서 준비한다.

2_ 냄비에 베이컨을 볶다가 셜롯을 넣어 볶다가 완두콩 200g을 넣어 볶아주고 치킨스톡 300ml를 넣고 끓여준다.

3_ 우유 100ml, 생크림 50ml를 넣고 끓여 소금, 후추로 간을 해서 믹서기로 간 뒤 체에 걸러서 준비한다.

4_ 준비된 완두콩 에스푸마 재료를 사이펀 안에 담는다.

5_ 사이펀에 넣고 뚜껑을 단단히 잠근 뒤 질소가스를 충전하여 흔들어서 냉장고에 2시간 이상 보관한다.

6_ 냉장고에서 꺼내어 앞뒤로 충분히 흔든 뒤 유리볼이나 접시에 짜서 담는다.

Beet Espuma

비트 에스푸마

Ingredients

질소가스(Nitrogen Gas) 1ea	비트(Beet) 3ea
생크림(Fresh Cream) 100ml	잔탄검(Xanthan Gum) 3g
젤라틴 1장	설탕(Sugar) 60g
소금(Salt) 1g	

Cooking Method

1_ 비트 껍질을 제거한 뒤 녹즙기에 넣고 비트 원액을 추출한다.

2_ 젤라틴은 물에 담가 불려서 준비한다.

3_ 비트 원액을 냄비에 담고 젤라틴 1장, 잔탄검 3g을 넣고 끓여 소금으로 간을 한다.

4_ 사이펀에 넣고 뚜껑을 단단히 잠근 뒤 질소가스를 충전하여 흔들어서 냉장고에 2시간 이상 보관한다.

5_ 냉장고에서 꺼내어 앞뒤로 충분히 흔든 뒤 유리볼이나 접시에 짜서 담는다.

Orange Espuma

오렌지 에스푸마

Ingredients

질소가스(Nitrogen Gas) 1ea	오렌지(Fresh Orange) 5ea
생크림(Fresh Cream) 100ml	잔탄검(Xanthan Gum) 2g
젤라틴(Gelatin) 1p	설탕(Sugar) 50g
그랑 마니에(Grande Marnier) 5ml	소금(Salt) 1g

Cooking Method

1_ 오렌지를 반으로 잘라 오렌지주스를 추출한다.

2_ 냄비에 오렌지주스 5개 분량, 잔탄검 2g, 젤라틴 1장, 설탕 50g, 그랑 마니에 5ml, 소금 1g을 넣고 끓여서 준비한다.

3_ 오렌지 에스푸마 재료를 사이펀 안에 담는다.

4_ 사이펀에 넣고 뚜껑을 단단히 잠근 뒤 질소가스를 충전하여 흔들어서 냉장고에 2시간 이상 보관한다.

5_ 냉장고에서 꺼내어 앞뒤로 충분히 흔든 뒤 유리 볼이나 접시에 짜서 담는다.

PART 3

분자요리
응용

1

전채

Hors D'oeuvre

Sous Vide Lobster Stuffed Lemon Jelly with Basil Essence

레몬젤리에 채운 바닷가재와 바질 에센스

분자요리재료 한천, 젤라틴

분자요리도구 진공팩 1팩, 수비드 머신 1개, 젤리 몰드 1개

Ingredients

바닷가재 수비드 조리(Lobster Sous Vide Cooking)

바닷가재(Lobster) 1ea	올리브 오일(Olive Oil) 5ml
타임(Fresh Thyme) 2g	화이트 와인(White Wine) 30ml
처빌(Fresh Chervil) 1p	후추(Pepper) 1g
레몬(Fresh Lemon) 1ea	소금(Salt) 1g

레몬젤리Lemon Jelly)

한천(Agar) 2g	화이트 와인(White Wine) 30ml
젤라틴(Gelatin) 1p	와인식초(Wine Vinegar) 10ml
레몬(Fresh Lemon) 1ea	후추(Pepper) 1g
브랜디(Brandy) 5ml	소금(Salt) 1g
설탕(Sugar) 3g	

바질 에센스(Basil Essence)

바질(Fresh Basil) 20g	후추(Pepper) 1g
올리브 오일(Olive Oil) 50ml	소금(Salt) 1g

가니시(Garnish)

드라이 레몬(Dry Lemon) 1ea	식용 꽃(Edible Flower) 1ea
허브(Fresh Herb) 1ea	

Cooking Method

바닷가재 수비드(Lobster Sous Vide Cooking)

1_ 바닷가재는 손질하여 타임, 처빌로 마리네이드한다.

2_ 허브에 절인 바닷가재, 소금, 후추, 올리브 오일, 화이트 와인을 넣고 진공팩을 한다.

3_ 수비드 머신에 넣고 45℃에서 1시간 수비드 조리한다.

4_ 수비드 조리가 끝나면 얼음물에 담가 식혀서 준비한다.

레몬젤리(Lemon Jelly)

1_ 젤라틴, 한천 2g에 찬물을 넣고 불려서 준비한다.

2_ 냄비에 화이트 와인 30ml, 레몬 1개, 와인식초 10ml, 생선스톡 100ml, 설탕 3g을 넣고 섞은 뒤 한천, 젤라틴을 넣고 끓여 소금, 후추로 간해서 젤리를 만든다.

3_ 젤리 몰드에 수비드 조리한 바닷가재와 젤리를 넣어 냉장고에서 1시간 이상 굳힌다.

바질 에센스(Basil Essence)

1_ 바질을 흐르물 물에 씻어 물기를 제거한다.

2_ 바질 20g, 올리브 오일 50ml를 넣고 믹서기에 곱게 간 뒤 소금을 넣어 간을 한다.

3_ 소창에 내려 바질 에센스를 만든다.

가니시(Garnish)

1_ 레몬을 링으로 잘라 건조기에 넣고 65℃에서 2시간 말려준다.

2_ 식용 꽃, 허브는 깨끗이 손질하여 놓는다.

담기(Plating)

1_ 접시에 바닷가재를 담고 드라이한 레몬을 올려준다.

2_ 식용 꽃, 허브를 올려 장식한다.

3_ 바질 에센스를 뿌려 완성한다.

Chicken Galantine with Mango Caviar in Mustard Sauce

망고 캐비아를 곁들인 치킨 갤런틴

분자요리재료 염화칼슘, 알긴사

분자요리도구 진공팩 1팩, 수비드 머신 1개, 젤리 몰드 1개, 아미스푼, 주사기

Ingredients

치킨 갤런틴 만들기(Chicken Galantine Cooking)

닭(Chicken) 1p	올리브 오일(Olive Oil) 30ml
당근(Carrot) 50g	로즈메리(Rosemary) 5g
건포도(Raisin) 15g	타임(Thyme) 5g
건살구(Dry Apricot) 15g	후추(Pepper) 1g
피스타치오(Pistachio) 40g	소금(Salt) 1g

허니머스터드 소스(Honey Mustard Sauce)

머스터드(Mustard) 30ml	후추(Pepper) 1g
마요네즈(Mayonnaise) 15ml	소금(Salt) 1g
꿀(Honey) 10ml	

망고 캐비아(Mango Caviar)

망고주스(Mango Juice) 200ml	염화칼슘(Calcium Chloride) 10g
알긴산(Alginic Acid) 10g	

가니시(Garnish)

피스타치오(Pistachio) 2ea	레드체리(Red Cherry) 1ea
허브(Herb) 2ea	발사믹 캐비아(Balsamic Caviar) 5g

치킨 갤런틴 만들기(Chicken Galantine Cooking)

1_ 닭은 한 장으로 뼈를 발라내고 두꺼운 부분(가슴살)을 100g 정도 잘라서 믹서에 곱게 갈아 소금, 후추로 간을 한다.

2_ 닭은 얇게 펴서 올리브 오일, 로즈메리, 타임, 소금, 후추로 간을 한다.

3_ 당근은 작은 주사위 모양으로 잘라 끓는 물에 데쳐서 준비하고, 피스타치오는 껍질을 제거하고, 건살구는 4등분해서 갈아놓은 닭가슴살에 골고루 섞어준다.

4_ 김발에 소창을 깐 뒤 손질한 닭을 깔고 3을 넣어 단단하게 말아준다.

5_ 찜통에서 40분간 쪄서 식혀준다.

허니머스터드 소스(Honey Mustard Sauce)

1_ 머스터드 30ml, 마요네즈 15ml, 꿀 10ml, 소금, 후추로 간을 해서 머스터드 소스를 만든다.

망고 캐비아(Mango Caviar)

1_ 알긴산 10g, 물 300ml를 냄비에 넣고 70℃까지 올려 알긴산 페스토를 만든다.(알긴산 페스토는 냉장고에 보관하여 사용한다.)

2_ 망고주스 200ml를 준비한다.(실온에 있는 것 사용)

3_ pH(이온농도)를 측정하여 pH 4~4.5 범위에 있는지를 확인한다.

4_ 물 300ml에 염화칼슘 10g을 넣고 풀어 냉장고에 보관한다.

5_ 망고주스 200ml, 알긴산 페스토 15ml를 넣고 섞어준다.

6_ 주사기에 넣어 염화칼슘 수용액에 떨어뜨려 망고 캐비아를 만든다.

7_ 망고 캐비아를 물에 헹구어 접시에 담아 완성한다.

가니시(Garnish)

1_ 피스타치오는 껍질을 제거하고 곱게 다져서 준비한다.

2_ 레드체리, 허브는 깨끗이 손질하여 놓는다.

담기(Plating)

1_ 접시에 치킨 갤런틴을 예쁘게 담고 피스타치오 다진 것을 돌려 담는다.

2_ 주위에 망고 캐비아를 예쁘게 돌려 담는다.

3_ 허브를 올려 장식한다.

4_ 머스터드 소스를 뿌려 완성한다.

Sous Vide Shrimp with Bokbunja Jelly

복분자 젤리를 곁들인 수비드한 새우

분자요리재료 카라기난

분자요리도구 진공팩 1팩, 수비드 머신 1개, 젤리 몰드 1개

Ingredients

수비드 새우 만들기(Shrimp Sous Vide Cooking)

새우(Shrimp)(20~30) 3p	올리브 오일(Olive Oil) 50ml
레몬(Fresh Lemon) 20g	와인식초(Wine Vinegar) 10ml
타임(Fresh Thyme) 1g	후추(Pepper) 1g
처빌(Fresh Chervil) 2g	소금(Salt) 약간
화이트 와인(White Wine) 30ml	

복분자 젤리(Bokbunja Jelly)

카라기난(Carrageenan) 3g	설탕(Sugar) 15g
복분자 주스(Bokbunja Juice) 100ml	소금(Salt) 약간

가니시(Garnish)

프리세(Frisee) 5g	레드베리(Redberry) 1ea
비트(Beet) 60g	생 케이퍼(Fresh Caper) 1ea
비타민(Vitamin) 1p	

Cooking Method

수비드 조리하기(Shrimp Sous Vide Cooking)

1_ 새우는 손질하여 타임, 처빌, 올리브 오일 30ml, 화이트 와인 30ml, 레몬으로 마리네이드한다.

2_ 허브에 절인 새우는 소금, 후추를 넣고 진공팩을 한다.

3_ 수비드 머신에 넣고 45℃에서 30분간 수비드 조리한다.

4_ 수비드 조리한 새우는 얼음물에 넣어 식혀 놓는다.

복분자 젤리(Bokbunja Jelly)

1_ 복분자에 설탕 넣고 냄비에 카라기난 넣고 온도를 80℃까지 올려준다.

2_ 카라기난이 녹으면 레몬즙, 소금으로 간을 한다.

3_ 실리콘 패드를 펴고 위에 얇게 펴서 준비한다.

가니시(Garnish)

1_ 비트는 만돌린 슬라이서로 와플 모양을 만들어 건조기 65℃에서 6시간 건조시킨다.

2_ 프리세, 비타민은 찬물에 넣어 싱싱하게 만든다.

3_ 레드베리, 생 케이퍼는 흐르는 물에 씻어서 준비한다.

담기(Plating)

1_ 복분자 젤리는 둥근 몰드로 에멘탈 치즈처럼 구멍을 내서 접시에 담는다.

2_ 새우는 껍질을 제거해서 위에 올려준다.

3_ 프리세 레드베리 올리고 생 케이퍼는 반으로 잘라 올려 놓는다.

4_ 건조한 비트 와플 칩을 올려 마무리한다.

Duck Breast with Carbonation Fruits in Orange Sauce

탄산화 과일과 오리가슴살에 오렌지 소스

`분자요리재료` 잔탄검, 알긴산, 염화칼슘
`분자요리도구` 1회용 탄산가스, 사이펀

Ingredients

오리가슴살 만들기(Duck Breast Cooking)

오리가슴살(Duck Breast) 1p	올리브 오일(Olive Oil) 20ml
타임(Thyme) 2g	로즈메리(Rosemary) 2g
오렌지(Fresh Orange) 1ea	마늘(Garlic) 1ea
후추(Pepper) 1g	소금(Salt) 1g

오렌지 소스(Orange Sauce)

황설탕 30g	오렌지주스 100ml
레드 와인 30ml	소금(Salt) 1g

탄산화 포도(Carbonation Fruits)

포도(Grape) 100g	설탕(Sugar) 10g
1회용 탄산(Carbonated gas) 1ea	탄산용 사이펀(Carbonated siphon) 1ea

단호박 퓌레(Sweet Pumpkin Puree)

단호박(Sweet Pumpkin) 400g	꿀(Honey) 30ml
잔탄검(Xanthan Gum) 5g	후추(Pepper) 1g
소금(Salt) 1g	

망고 캐비아(Mango Caviar) 리버스방법

알긴산(Alginic Acid) 10g	염화칼슘(Calcium Chloride) 10g
망고주스(Mango Juice) 200ml	

가니시(Garnish)

방울토마토(Cherry Tomato) 5g	레드베리(Redberry) 60g
래디시(Radish) 1p	식용 꽃(Edible Flower) 1ea
허브(Herb) 1ea	

오리가슴살 조리(Duck Breast Cooking)

1_ 오리가슴살은 로즈메리, 타임, 오렌지 제스트, 마늘, 올리브를 넣고 마리네이드한다.

2_ 팬에 오리가슴살 껍질부터 갈색으로 굽는다. 껍질 부분이 바삭바삭해야 한다.

3_ 오븐에 넣어 완전히 익혀준다.

오렌지 소스(Orange Sauce)

1_ 오렌지 껍질부분을 얇게 떠서 오렌지 제스트를 만들고 오렌지는 세그먼트로 잘라서 준비한다.

2_ 팬에 버터와 황색 설탕을 넣고 온도를 165℃로 올려 캐러멜화시킨다.

3_ 레드 와인을 넣고 조리다 오렌지주스를 넣고 조리다가 오렌지 제스트를 넣고 끓인다.

4_ 오렌지 소스 농도가 날 때까지 조려서 완성한다.

단호박 퓌레(Sweet Pumpkin Puree)

1_ 단호박 껍질을 제거하고 물 300ml, 소금 1g을 넣고 삶아준다.

2_ 단호박이 충분히 익으면 삶은 물을 조금 남기고 남은 물은 제거한다.

3_ 삶아진 단호박에 꿀 30ml, 잔탄검 2g을 넣고 끓여 소금, 후추로 간을 한다.

4_ 믹서기에 넣고 갈아서 체에 내려 완성한다.

탄산화 포도(Carbonation Fruits)

1_ 탄산가스를 사용할 수 있는 사이펀과 일회용 탄산가스를 준비한다.

2_ 포도 껍질과 씨를 제거한 뒤 사이펀 안에 넣고 설탕 10g을 같이 넣는다.

3_ 탄산가스를 충전하여 냉장고에서 12시간 보관한다.

4_ 12시간 보관한 사이펀 탄산가스를 제거하고 포도를 꺼내서 완성한다.

5_ 탄산가스가 없을 시 스티로폼 박스에 드라이아이스와 같이 보관하면 과일 탄산화가 된다.

망고 캐비아(Mango Caviar) 리버스기법

1_ 알긴산 10g, 물 300ml를 냄비에 넣고 70℃까지 올려 알긴산 페스토를 만든다.(알긴산 페스토는 냉장고에 보관하고 사용한다.)

2_ 망고주스 200ml를 준비한다.(실온에 있는 것 사용)

3_ pH(이온농도)를 측정하여 pH 4~4.5 범위에 있는지를 확인한다.

4_ 물 300ml에 알긴산 페스토 10g을 넣고 풀어 냉장고에 보관한다.

5_ 망고주스 200ml, 젖산칼슘 15ml를 넣어 풀어준다.

6_ 스푼에 넣어 알긴산 페스토 수용액에 떨어뜨려 망고 캐비아를 만든다.

7_ 망고 캐비아를 물에 헹구어 접시에 담아 완성한다.

가니시(Garnish)

1_ 방울토마토는 끓는 물에 데쳐서 껍질을 제거하고 올리브 오일, 소금, 후추를 넣어 건조기 65℃ 에서 2시간 정도 말려준다.

2_ 프리세 비타민은 찬물에 넣어 싱싱하게 만든다.

3_ 레드베리, 프레시 케이퍼를 흐르는 물에 씻어서 준비한다.

담기(Plating)

1_ 접시에 단호박 퓌레를 올려준다.

2_ 단호박 퓌레 위에 오리가슴살을 썰어서 올려준다.

3_ 주위에 망고 캐비아를 올려주고, 방울토마토, 포도, 레드베리, 식용 꽃을 올려준다.

4_ 래디시는 링을 잘라 올리고 허브로 마무리한다.

Riesling Wine Sous Vide Cooking Scallop with Truffle Oil

리슬링 와인에 수비드한 관자와 트러플 오일

분자요리재료 젤라틴, 한천

분자요리도구 수비드 머신, 진공팩, 아미스푼, 주사기

Ingredients

관자 수비드 조리하기(Scallop Sous Vide Cooking)

리슬링 와인(Riesling Wine) 50g	관자(Scallop) 3p
처빌(Chervil) 2g	딜(Dill) 5g
레몬(Fresh Lemon) 1ea	바질(Fresh Basil) 1ea
후추(Pepper) 1g	소금(Salt) 1g

오렌지 누들(Orange Noodle)

젤라틴(Gelatin) 1p	한천(Agar) 2g
오렌지주스(Orange Juice) 150ml	설탕(Sugar) 5g
소금(Salt) 2g	

발사믹 캐비아(Balsamic Caviar)

발사믹 오일(Balsamic Oil) 100ml	올리브 오일(Olive Oil) 200ml
한천(Agar) 1g	

가니시(Garnish)

트러플 오일(Truffle Oil) 5ml	래디시(Radish) 1ea
식용 꽃(Edible Flower) 2ea	허브(Herb) 2ea

관자 수비드 조리하기(Scallop Sous Vide Cooking)

1_ 관자, 리슬링 와인, 처빌, 딜, 레몬 넣고 30분간 마리네이드한다.

2_ 소금, 후추 넣고 진공비닐에 넣어 진공팩을 한다.

3_ 46℃에서 50분간 수비드 조리해서 얼음물에 식혀 놓는다.

4_ 관자를 꺼내 밀가루에 무쳐 팬에 올리브 오일 두르고 갈색으로 구워준다.

오렌지 누들(Orange Noodle)

1_ 젤라틴과 한천을 물에 불린다.

2_ 오렌지주스 200ml, 젤라틴 1장, 한천 2g, 설탕 5g, 소금 1g 을 넣고 끓여 녹여준다.

3_ 믹싱 볼에 얼음물을 준비한다.

4_ 실리콘 호스에 한천과 젤라틴 넣은 오렌지주스를 주사기로 채워 넣어 얼음물에 담근다.

5_ 파스타가 굳으면 주사기로 호스에 공기를 넣어 파스타를 빼서 완성한다.

발사믹 캐비아(Balsamic Caviar)

1_ 냄비에 발사믹 식초 100ml, 한천 1g을 넣고 끓여서 녹여준다.

2_ 올리브 오일 200ml를 유리볼에 담아 냉장고에 보관한다

3_ 주사기에 발사믹 식초를 넣고 올리브 오일에 떨어뜨려 캐비아를 만든다.

4_ 체에 건져 올리브 오일을 제거하고 발사믹 캐비아를 완성한다.

가니시(Garnish)

1_ 트러플 향이 진한 오일을 준비한다.

2_ 래디시는 깨끗이 손질하여 둥근 모양으로 잘라 놓는다.

3_ 식용 꽃 허브는 찬물에 담가 싱싱하게 준비한다.

4_ 토마토 껍질은 식품 건조기 65℃에서 40분간 건조시킨다.

담기(Plating)

1_ 접시 중앙에 관자를 올려준다.

2_ 주위에 망고 캐비아를 올려주고 오렌지 누들을 올린다.

3_ 둥근 모양으로 자른 래디시 올려주고 식용 꽃 허브로 장식한다.

4_ 토마토 껍질을 말려 위에 장식한다.

5_ 트러플 오일을 뿌려 완성한다.

Sous Vide Octopus with Red Chili-Pepper Paste with Vinegar Caviar

초고추장 캐비아를 곁들인 수비드로 익힌 문어

분자요리재료 젤라틴, 한천
분자요리도구 진공팩 1팩, 수비드 머신 1개, 식품건조기. 젤라틴

Ingredients

문어 수비드 조리하기(Scallop Sous Vide Cooking)

문어(Octopus) 120g	레몬(Fresh Lemon) 1ea
딜(Dill) 1g	화이트 와인(White Wine) 30ml
타임(Fresh Thyme) 1g	후추(Pepper) 1g
소금(Salt) 1g	

초고추장 캐비아(Red Chili-Pepper Paste with Vinegar Caviar)

젤라틴(Gelatin) 1p	한천(Agar) 2g
초고추장(Red Chili-Pepper Paste with Vinegar) 150ml	

가니시(Garnish)

건조 레몬(Dry Lemon) 1ea	차조기 잎(Shiso leaf) 1p
식용 꽃(Edible Flower) 1ea	레드베리(Redberry) 1ea

관자 조리(Scallop Sous Vide Cooking)

1_ 문어 120g, 레몬 2조각, 딜 조금, 타임 조금, 화이트 와인 30ml를 넣고 마리네이드한다.

2_ 소금, 후추를 넣고 진공비닐에 넣어 진공팩을 한다.

3_ 77℃에서 5시간 수비드 조리해서 얼음물에 식혀 놓는다.

초고추장 캐비아(Red Chili-Pepper Paste with Vinegar Caviar)

1_ 냄비에 초고추장 100ml, 젤라틴 1p, 한천 2g을 넣고 80℃까지 끓인 뒤 녹여서 체에 거른다.

2_ 샐러드 오일 200ml를 유리볼에 담아 냉장고에 보관한다.

3_ 주사기에 초고추장 넣어 올리브 오일에 떨어뜨려 캐비아를 만든다.

4_ 체에 건져 샐러드 오일을 제거하고 초고추장 캐비아를 완성한다.

가니시(Garnish)

1_ 레몬은 둥근 모양으로 얇게 잘라 건조기 60℃에서 2시간 동안 말린다.

2_ 차조기 잎, 식용 꽃은 물에 담가 싱싱하게 준비한다.

3_ 식용 꽃 허브는 찬물에 담가 싱싱하게 준비한다.

담기(Plating)

1_ 접시에 차조기 잎(Shiso leaf)을 깔아준다.

2_ 접시 중앙에 문어를 올려준다.

3_ 문어 위에 초고추장 캐비아를 올려준다.

4_ 말린 레몬을 올리고 식용 꽃, 레드베리를 올려서 마무리한다.

2

수프

Soup

Oriental Melon Chardonnay Form Cold Soup

차가운 참외 샤르도네 수프

[분자요리재료] 탄산수

[분자요리도구] 진공팩, 사이펀, 질소가스

Ingredients

참외 수프(Oriental Melon Cold Soup)

참외(Oriental Melon) 2/3ea	모닝(Morning) 30ml
탄산수(Carbonated Water) 45ml	샤르도네 와인(Chardonnay Wine) 15ml
레몬즙 15ml	소금(Salt) 1g

참외 피클(Oriental Melon Picking)

피클링 스파이스(Pickling Spice) 15g	참외(Oriental Melon) 1/3ea
월계수 잎(Bay Leaf) 3p	통후추(Whole Pepper) 5ea
소금(Salt) 2g	식초 2/3Cup
설탕 2/3Cup	

가니시(Garnish)

프리세(Frisee) 1g	
민트 잎(Mint Leaf) 1g	방울토마토(Cherry Tomato) 1ea

참외 수프(Oriental Melon Cold Soup)

1_ 참외는 깨끗이 손질해서 3/4개는 착즙기로 즙을 짜서 냉장고에 보관한다.

2_ 참외즙에 레몬즙 15ml, 모닝 30ml, 탄산수 15ml, 소금 2g을 넣고 밀봉해서 냉장고에 보관한다.

3_ 차가운 참외 수프를 사이펀에 넣고 탄산수 30ml, 샤르도네 와인 15ml, 소금을 넣고 섞어준다.

4_ 사이펀에 넣어 질소가스 충전해서 냉장고 또는 얼음에 담가 차갑게 준비한다.(1시간 이상)

참외 피클(Oriental Melon Pickling)

1_ 냄비에 물 1컵, 설탕 2/3컵, 식초 2/3컵, 소금 15g, 월계수 잎 3장, 통후추 5개를 넣고 10분간 끓여준다.

2_ 피클 주스를 체에 걸러 식혀서 준비한다.

3_ 진공팩에 참외를 1/3 넣고 피클링 주스를 넣어 진공팩해서 참외 피클을 만든다.

가니시(Garnish)

1_ 방울토마토를 깨끗이 씻어 둥근 모양으로 잘라 준비한다.

2_ 프리세, 민트 잎, 식용 꽃을 찬물에 담가 싱싱하게 준비한다.

3_ 오이 피클은 작은 주사위 모양으로 잘라서 준비한다.

담기(Plating)

1_ 수프볼은 유리로 준비한다.

2_ 접시 중앙을 프리세, 방울토마토, 식용 꽃으로 장식해 준다.

3_ 유리볼에 작은 주사위 모양으로 자른 참외 피클을 담아준다.

4_ 참외 수프가 들어 있는 사이펀을 위아래로 흔들어 조심스럽게 짜서 완성한다.

Cold Tomato Soup and Tomato Mint Jelly

차가운 토마토 수프와 젤리

분자요리재료 카라기난
분자요리도구 젤리몰드, 식품건조기

Ingredients

차가운 토마토 수프(Cold Tomato Soup)

토마토(Tomato) 1ea	토마토 홀(Tomato Whole) 50ml
바질(Basil) 5g	토마토 주스(Tomato Juice) 100ml
리슬링 와인(Riesling Wine) 15ml	후추(Pepper) 1g
소금(Salt) 1g	

토마토 민트 젤리(Tomato Mint Jelly)

토마토 수프(Tomato Soup) 100ml	카라기난(Carrageenan) 2g
민트(Fresh Mint) 1g	

가니시(Garnish)

토마토 칩(Tomato Chip) 1ea	토마토 민트 젤리(Tomato Mint Jelly) 1p
바질 잎(Basil Leaf) 1p	

Cooking Method

차가운 토마토 수프(Cold Tomato Soup)

1_ 토마토는 끓는 물에 데쳐서 껍질을 제거한다.

2_ 토마토 1개, 토마토 홀 50ml, 토마토 주스 100ml, 리슬링 와인 15ml, 바질 잎 1장, 소금, 후추를 넣고 믹서기에 곱게 갈아 체에 내린다.

3_ 소금으로 간하여 냉장고에 보관한다.

토마토 민트 젤리(Tomato Mint Jelly)

1_ 토마토 수프 50ml에 카라기난 2g을 넣고 끓여 젤리 몰드에 식혀 젤리를 만든다.

2_ 민트를 넣고 믹서기에 갈아 체에 내린다.

3_ 팬에 얇게 펴서 냉장고에 식혀서 준비한다.

가니시(Garnish)

1_ 토마토는 끓는 물에 데쳐서 껍질을 깐 뒤 둥근 모양으로 잘라 건조기 65℃에 넣고 6시간 말린다.

2_ 토마토 민트 젤리는 둥근 몰드로 자르고 나머지는 작은 주사위 모양으로 자른다.

담기(Plating)

1_ 수프 볼에 토마토 수프를 담고 가운데 토마토 민트 젤리를 작은 주사위 모양으로 자른 것을 올려준다.

2_ 접시 가장자리에 토마토 민트 젤리를 올려준다.

3_ 건조한 토마토 칩을 올려서 마무리한다.

Rich in Foam Green Peas Soup

거품이 풍부한 완두콩 수프

분자요리재료 레시틴, 잔탄검
분자요리도구 핸드 믹서기, 기포발생기

Ingredients

완두콩 수프(Green Peas Soup)

완두콩(Green Peas) 100g	베이컨(Bacon) 20g
양파(Onion) 1/8ea	생크림(Fresh Cream) 30ml
우유(Milk) 50ml	잔탄검(Xanthan Gum) 5g
치킨스톡(Chicken Stock) 200ml	월계수 잎(Bay Leaf) 2p
후추(Pepper) 1g	소금(Salt) 1g

완두콩 거품(Green Peas Foam)

완두콩 수프(Green Peas Soup) 100ml	우유(Milk) 100ml
레시틴(Lecithin) 5g	

가니시(Garnish)

적양파(Red Onion) 1ea

완두콩 수프(Green Peas Soup)

1_ 베이컨, 양파는 1cm 크기로 잘라서 준비한다.

2_ 냄비에 베이컨, 양파 넣고 살짝 볶다가 버터, 완두콩 넣어 볶고 치킨스톡, 월계수 잎을 넣어 은 근한 불에 끓인다.

3_ 수프가 완성되면 생크림을 넣어 잔탄검으로 농도를 조절하고 소금, 후추로 간해서 믹서기에 곱 게 갈아 체에 거른다.

완두콩 거품(Green Peas Foam)

1_ 우유 100ml, 완두콩 수프 100ml를 섞고 40℃로 데워 레시틴 을 넣고 핸드 믹서기로 풀어준 다음 기포발생기에 넣어 거품을 추출한다.

가니시(Garnish)

1_ 적양파를 통째로 얇게 썰어 소금으로 간하고 버터에 살짝 구워 준비한다.

담기(Plating)

1_ 수프 그릇에 완두콩 수프를 담고 위에 거품을 올려준다.

2_ 구운 붉은 양파를 올려서 완성한다.

High Colloid Double Beef Consomme

하이 콜로이드 소고기 더블 콩소메

분자요리재료 알긴산, 염화칼슘
분자요리도구 pH 측정기, 아미스푼

Ingredients

소고기 더블 콩소메(Beef Double Consomme)

소고기(Beef Meat) 400g	양파(Onion) 1ea
당근(Carrot) 60g	셀러리(Celery) 60g
월계수 잎(Bay Leaf) 6g	타임(Thyme) 10g
로즈메리(Rosemary) 6g	토마토(Fresh Tomato) 1/2ea
통후추(Whole Pepper) 10ea	브라운 스톡(Brown Stock) 800ml
레드 와인(Red Wine) 60ml	소금(Salt) 1g

하이 콜로이드(High Colloid)

젖산칼슘(Calcium Lactate) 10g	염화칼슘(Calcium Chloride) 10g
소고기 더블 콩소메(Beef Double Consomme) 200ml	

Cooking Method

소고기 더블 콩소메 수프(Beef Double Consomme)

1_ 소고기는 곱게 다져서 2등분으로 나누어 준비한다.

2_ 양파 꼭지부분을 링으로 잘라 팬에 구워 양파 브륄레(Brulee)를 만든다.

3_ 양파, 당근, 셀러리, 토마토는 얇고 길게 썰어 미르푸아를 만든다.

4_ 소고기 200g, 미르푸아 1/2, 타임 3g, 월계수 잎 3장, 로즈메리 2g, 통후추 5개, 레드 와인 30ml를 넣어 골고루 섞어준다.

5_ 달걀 흰자를 분리하여 거품을 내서 4에 골고루 섞어 브라운 스톡을 넣고 끓여 콩소메를 만들어 소창에 걸러 식혀준다.

6_ 다시 소고기 200g, 미르푸아 1/2, 타임 3g, 로즈메리 2g, 통후추 5개, 레드 와인 30ml, 달걀 흰자의 거품을 넣고 골고루 섞은 뒤 콩소메를 넣어 더블 콩소메를 만든다.

하이 콜로이드(High Colloid)

1_ 알긴산 10g, 물 300ml를 냄비에 넣고 70℃까지 올려 알긴산 페스토를 만든다.(알긴산 페스토는 냉장고에 보관하고 사용한다.)

2_ 소고기 더블 콩소메 200ml를 준비한다.(실온에 있는 것 사용)

3_ pH(이온농도)를 측정하여 pH 4~4.5 범위에 있는지를 확인한다.

4_ 물 300ml에 알긴산 페스토 10g을 넣고 풀어 냉장고에 보관한다.

5_ 소고기 더블 콩소메 200ml, 젖산칼슘 2g을 넣고 풀어준다.

6_ 스푼으로 알긴산 페스토 수용액에 떨어뜨려 하이 콜로이드를 만든다.

7_ 하이 콜로이드를 물에 헹구어 접시에 담아 완성한다.

담기(Plating)

1_ 소고기 더블 콩소메 하이 콜로이드는 스푼에 넣어 접시에 담는다.

Sous Vide Cooking Lobster with Bisque in Saffron Noodle

수비드 조리한 바닷가재와 비스크 수프에 사프란 파스타

분자요리재료 젤라틴, 한천
분자요리도구 수비드 머신, 진공팩, 실리콘 호스

Ingredients

비스크 수프(Bisque Soup)

새우 머리(Shrimp Head) 100g	바닷가재 껍질(Lobster Shell) 100g
버터(Butter) 30g	올리브 오일(Olive Oil) 30ml
양파(Onion) 1/2ea	당근(Carrot) 30g
셀러리(Celery) 30g	토마토 페이스트(Tomato Paste) 15g
화이트 식초(White Vinegar) 15ml	브랜디(Brandy) 30ml
타임(Fresh Thyme) 1g	월계수 잎(Bay Leaf) 3p
통후추(Whole Pepper) 6ea	후추(Pepper) 1g
소금(Salt) 1g	

바닷가재 수비드(Lobster Sous Vide)

바닷가재(Lobster) 1마리	샤르도네 와인(Chardonnay Wine) 30ml
타임(Fresh Thyme) 1p	딜(Fresh Dill) 1p
레몬(Fresh Lemon) 1p	올리브 오일(Olive Oil) 20ml
통후추(Whole Pepper) 5ea	소금(Salt) 1g

사프란 파스타(Saffron Noodle)

젤라틴(Gelatin) 1p	한천(Agar) 2g
사프란(Saffron) 2g	생선 육수(Fish Stock) 200ml
설탕(Sugar) 5g	소금(Salt) 2g

가니시(Garnish)

바닷가재 머리(Lobster Head) 1p	허브(Herb) 1g

Cooking Method

새우 비스크(Shrimp Bisque)

1_ 새우 머리와 바닷가재 껍질은 180℃의 오븐에 20분간 구워준다.

2_ 양파, 당근, 셀러리, 토마토로 미르푸아를 만든다.

3_ 팬에 구운 새우 머리와 바닷가재 껍질을 넣고 으깨다가 브랜디, 화이트 와인을 넣어 잡냄새를 제거하고 미르푸아를 넣고 충분히 볶다가 토마토 페이스트를 넣고 볶다가 바닷가재 스톡을 넣어 비스크 수프를 만든다.

4_ 체에 걸러 준비한다.

바닷가재 수비드(Lobster Sous Vide)

1_ 바닷가재는 손질해서 올리브 오일, 딜, 타임, 레몬, 레몬 제스트, 샤르도네 와인, 소금, 후추로 간을 한다.

2_ 진공팩에 넣고 진공해서 45℃에서 1시간 수비드 조리한다.

3_ 수비드 조리가 완료되면 얼음물에 담가 준비한다.

샤프란 파스타(Saffron Noodle)

1_ 젤라틴과 한천을 물에 불린다.

2_ 생선육수에 사프란을 넣고 불려준다.

3_ 사프란 주스 200ml, 젤라틴 1장, 한천 2g, 설탕 5g, 소금 1g을 넣고 끓여서 녹여준다.

4_ 믹싱 볼에 얼음물을 준한다.

5_ 실리콘 호스에 한천과 젤라틴 넣은 오렌지주스를 주사기로 채워 넣어 얼음물에 담근다.

6_ 파스타가 굳으면 주사기로 실리콘 호스에 공기를 넣어 파스타를 빼서 완성한다.

3

샐러드
Salad

Tomato Salad with Balsamic Caviar

발사믹 캐비아를 곁들인 토마토 샐러드

분자요리재료 젤라틴

분자요리도구 아미스푼, 식품건조기, 주사기

Ingredients

토마토 샐러드(Tomato Salad)

토마토(Tomato) 1ea	프리세(Frisee) 30g
비트(Beet) 50g	방울토마토(Cherry Tomato) 1ea
케이퍼(Caper) 1ea	그린 비타민(Green Vitamin) 20g
붉은 엔다이브(Red Endive) 20g	래디시(Radish) 1ea

발사믹 캐비아(Balsamic Caviar)

발사믹 오일(Balsamic Oil) 100ml	올리브 오일(Olive Oil) 200ml
한천(Agar) 1g	

<u>Cooking Method</u>

토마토 샐러드(Tomato Salad)

1_ 토마토에 칼집 넣어 끓는 물에 데쳐서 껍질을 제거한다.

2_ 프리세, 그린 비타민은 먹기 좋은 크기로 손질하여 찬물에 담가
놓는다.

3_ 방울토마토는 껍질을 제거하고 올리브 오일을 발라 소금, 후추
를 넣고 건조기 65℃에서 30분간 건조한다.

4_ 비트는 껍질을 제거하고 만돌린 슬라이서를 이용해 와플 모양
과 슬라이스 모양을 만들어준다.

5_ 와플 모양으로 썬 비트는 건조기 65℃에 넣고 2시간 동안 말
려서 준비한다.

6_ 케이퍼는 깨끗이 손질해서 준비한다.

발사믹 캐비아(Balsamic Caviar)

1_ 냄비에 발사믹 식초 100ml, 한천 1g을 넣고 끓여서 녹여준다.

2_ 올리브 오일 200ml를 유리볼에 담아 냉장고에 보관한다.

3_ 주사기에 발사믹 식초를 넣고 올리브 오일에 떨어뜨려 캐비아를 만든다.

4_ 체에 건져 올리브 오일을 제거하고 발사믹 캐비아를 완성한다.

Nicoise Salad in Green Peas Espuma

지중해식 니수아즈 샐러드 완두콩 에스푸마

분자요리재료 한천, 젤라틴

분자요리도구 사이펀, 질소가스, 아미스푼, 주사기

Ingredients

니수아즈 샐러드(Nicoise Salad)

메추리알(Quail Egg) 1ea	와이드 아루굴라(Wide Arugula) 10g
껍질콩(String Beans) 15g	안초비(Anchovy) 10g
토마토(Tomato) 1ea	당근(Carrot) 1/2ea
식용 꽃(Edible Flower) 1ea	

발사믹 캐비아(Balsamic Caviar)

발사믹 오일(Balsamic Oil) 100ml	올리브 오일(Olive Oil) 200ml
한천(Agar) 1g	

완두콩 에스푸마(Green Peas Espuma)

질소가스(Nitrogen Gas) 1ea	완두콩(Green Peas) 200ea
베이컨(Bacon) 50g	셜롯(Shallot) 20g
우유(Milk) 100ml	생크림(Fresh Cream) 50ml
후추(Pepper) 1g	소금(Salt) 1g

니수아즈 샐러드(Nicoise Salad)

1_ 당근은 와플 모양으로 얇게 자르고 아루굴라는 찬물에 담가놓는다.

2_ 스트링 빈스는 끓는 물에 소금 넣고 살짝 삶은 뒤 얼음물에 식혀 먹기 좋은 크기로 자른다.

3_ 메추리알은 끓는 물에 소금 넣고 8분간 삶은 뒤 찬물에 식혀 먹기 좋은 크기로 자른다.

4_ 방울토마토는 링으로 잘라서 준비한다.

5_ 안초비는 먹기 좋은 크기로 잘라서 준비한다.

6_ 허브 꽃은 찬물에 담가놓는다.

발사믹 캐비아(Balsamic Caviar)

1_ 냄비에 발사믹 식초 100ml, 한천 1g을 넣고 끓여서 녹여준다.

2_ 올리브 오일 200ml를 유리볼에 담아 냉장고에 보관한다.

3_ 주사기에 발사믹 식초를 넣고 올리브 오일에 떨어뜨려 캐비아를 만든다.

4_ 체에 건져 올리브 오일을 제거하고 발사믹 캐비아를 완성한다.

완두콩 에스푸마

1_ 베이컨은 1.5cm의 사각형으로 자르고 셜롯은 다져서 준비한다.

2_ 냄비에 베이컨을 볶다가 셜롯 넣고 볶다가 완두콩 200g 넣고 볶은 뒤 물 200ml를 넣어 끓여준다.

3_ 우유 100ml, 생크림 50ml를 넣고 끓여 소금, 후추로 간해서 믹서기로 갈아 체어 걸러 준비한다.

4_ 준비된 완두콩 에스푸마 재료를 사이펀 안에 담는다.

5_ 사이펀에 넣고 뚜껑을 단단히 잠근 다음 질소가스를 충전하여 흔들어서 냉장고에 2시간 이상 보관한다.

6_ 냉장고에서 꺼내어 앞뒤로 충분히 흔들어 유리볼이나 접시에 짜서 담는다.

담기(Plating)

1_ 아루굴라 접시 바닥에 담고 스트링 빈스, 당근, 메추리알, 토마토 순으로 담는다.

2_ 사이펀으로 에스푸마를 올리고 발사믹 캐비아를 올려준다.

3_ 식용 꽃으로 장식해서 완성한다.

Beet Salad with Gorgonzola Cheese Espuma

고르곤졸라 치즈 에스푸마를 곁들인 비트 샐러드

분자요리도구 사이펀, 질소가스

Ingredients

비트 샐러드(Beet Salad)

비트(Beet) 1ea	프리세(Frisee) 15g
순무(Turnip) 50g	방울토마토(Cherry Tomato) 3ea
식용 꽃(Edible Flower) 2ea	

고르곤졸라 치즈 에스푸마(Gorgonzola Cheese Espuma)

질소가스(Nitrogen Gas) 1ea	고르곤졸라 치즈(Gorgonzola Cheese) 70g
우유(Milk) 200ml	생크림(Fresh Cream) 50ml
베이컨(Bacon) 50g	셜롯(Shallot) 20g
후추(Pepper) 1g	소금(Salt) 1g

비트 샐러드(Beet Salad)

1_ 비트는 껍질 벗겨 만돌린 슬라이서로 와플 모양과 일정한 모양으로 잘라 물에 담가놓는다.

2_ 순무는 껍질을 벗긴 뒤 만돌린 슬라이서로 와플 모양으로 자른다.

3_ 토마토는 깨끗이 손질해서 반으로 자른다.

4_ 바질과 식용 꽃은 찬물에 담가 싱싱하게 만든다.

5_ 케이퍼는 깨끗이 손질해서 준비한다.

고르곤졸라 치즈 에스푸마(Gorgonzola Cheese Espuma)

1_ 냄비에 고르곤졸라 치즈 70g, 우유 200ml, 생크림 50ml를 넣고 끓여 소금, 후추로 간하여 식혀서 준비한다.

2_ 고르곤졸라 치즈 에스푸마 재료를 사이펀 안에 담는다.

3_ 사이펀에 넣고 뚜껑을 단단히 잠근 다음 질소가스를 충전해서 흔든 뒤 냉장고에 2시간 이상 보관한다.

4_ 냉장고에서 꺼내 앞뒤로 충분히 흔들어 유리볼이나 접시에 짜서 담는다.

Sous Vide of Chicken Breast Salad and Tricolor Caviar

수비드 닭가슴살 샐러드와 삼색 캐비아

분자요리재료 한천, 알긴산, 염화칼슘
분자요리도구 수비드 머신, 아미스푼, 주사기

Ingredients

샐러드(Salad)

아루굴라(Arugula) 30g	프리세(Frisee) 15g
시금치(Spinach) 3ea	방울토마토(Cherry Tomato) 2p
허브(Herb) 1p	

닭가슴살 수비드 조리(Chicken Breast Sous Vide Cooking)

닭가슴살(Chicken Breast) 100g	올리브 오일(Olive Oil) 30ml
로즈메리(Rosemary) 1g	타임(Thyme) 1g
월계수 잎(Bay Leaf) 1p	소금(Salt) 0.5g
통후추(Whole Pepper) 0.5g	

발사믹 캐비아(Balsamic Caviar)

발사믹 식초(Balsamic Vinegar) 100ml	올리브 오일(Olive Oil) 200ml
한천(Agar) 1g	

망고 캐비아(Mango Caviar)

알긴산(Alginic Acid) 10g	염화칼슘(Calcium Chloride) 10g
망고주스(Mango Juice) 200ml	

초고추장 캐비아(Red Chili-Pepper Paste with Vinegar Caviar)

초고추장(Red Chili-Pepper Paste with Vinegar) 150ml	한천(Agar) 2g
젤라틴(Gelatin) 1p	샐러드 오일(Salad Oil) 200ml

샐러드(Salad)

1_ 아루굴라, 프리세는 손질해서 찬물에 담가 준비한다.

2_ 시금치는 잎부분만 다듬어 찬물에 담근다.

3_ 방울토마토는 3등분으로 잘라서 준비한다.

4_ 허브는 찬물에 담가 싱싱하게 한다.

5_ 케이퍼는 깨끗이 손질해서 준비한다.

닭가슴살 수비드 조리(Chicken Breast Sous Vide Cooking)

1_ 닭가슴살은 깨끗이 손질하여 올리브 오일 10ml, 로즈메리 1줄기, 타임 1줄기, 후추, 소금을 넣고 간한다.

2_ 양념한 닭가슴살을 진공팩에 넣어 진공한다.

3_ 수비드 머신을 65℃에 맞추고 온도가 올라오면 닭가슴살 진공팩한 것을 넣고 1시간 동안 수비드한다.

4_ 얼음물에 담가 식혀서 사용한다.

발사믹 캐비아(Balsamic Caviar)

1_ 냄비에 발사믹 식초 100ml, 한천 1g을 넣고 끓여서 녹여준다.

2_ 올리브 오일 200ml를 유리볼에 담아 냉장고에 보관한다.

3_ 주사기에 발사믹 식초를 넣고 올리브 오일에 떨어뜨려 캐비아를 만든다.

4_ 체에 건져 올리브 오일을 제거하고 발사믹 캐비아를 완성한다.

망고 캐비아(Mango Caviar)

1_ 알긴산 10g, 물 300ml를 냄비에 넣고 70℃까지 올려 알긴산 페스토를 만든다.(알긴산 페스토는 냉장고에 보관하고 사용한다.)

2_ 망고주스 200ml를 준비한다.(실온에 있는 것 사용)

3_ pH(이온농도)를 측정하여 pH 4~4.5 범위에 있는지를 확인한다.

4_ 물 300ml에 염화칼슘 10g을 넣고 풀어 냉장고에 보관한다.

5_ 망고주스 200ml, 알긴산 페스토 15ml를 넣고 섞어준다.

6_ 주사기에 넣어 염화칼슘 수용액에 떨어뜨려 망고 캐비아를 만든다.

7_ 망고 캐비아를 물에 헹궈 접시에 담아 완성한다.

초고추장 캐비아(Red Chili-Pepper Paste with Vinegar Caviar)

1_ 냄비에 초고추장 100ml, 젤라틴 1g, 한천 1g을 넣고 끓여서 녹여준다.

2_ 샐러드 오일 200ml를 유리볼에 담아 냉장고에 보관한다.

3_ 주사기에 초고추장 넣고 올리브 오일에 떨어뜨려 캐비아를 만든다.

4_ 체에 건져 샐러드 오일 제거하고 초고추장 캐비아를 완성한다.

샐러드 담기(Plating)

1_ 아루굴라, 프리세, 시금치는 물기를 제거하고 접시에 담아준다.

2_ 수비드 조리 닭가슴살은 먹기 좋은 크기로 잘라 위에 올리고 토마토를 올린다.

3_ 발사믹 식초로 만든 캐비아의 물기를 제거하고 올려준다.

4_ 망고 캐비아, 초고추장 캐비아도 올린다.

5_ 허브로 장식해서 완성한다.

Assorted Cherry Tomato Salad with Mango Gel

여러 가지 방울토마토 샐러드와 망고 겔

분자요리재료 알긴산, 염화칼슘
분자요리도구 아미스푼, 주사기

Ingredients

방울토마토 샐러드(Cherry Tomato Salad)

적색 방울토마토(Red Cherry Tomato) 2ea	주황색 방울토마토(Orange Cherry Tomato) 2ea
흑색 방울토마토(Black Cherry Tomato) 2ea	이탤리언 파슬리(Italian Parsley) 2g
올리브 오일(Olive Oil) 20ml	처빌(Chervil) 2g
통후추(Whole Pepper) 2g	소금(Salt) 1g

망고 겔(Mango Gel)

알긴산 10g	젖산칼슘(Calcium Lactate) 5g
망고주스(Mango Juice) 200ml	

가니시(Garnish)

바질(Basil) 1p

방울토마토 샐러드(Cherry Tomato Salad)

1_ 적색, 흑색, 주황색 방울토마토는 칼집을 넣어 끓는 물에 데친 뒤 찬물에 식혀서 껍질을 제거한다.

2_ 이탈리언 파슬리, 처빌은 다져서 준비한다.

3_ 껍질 제거한 토마토에 이탈리언 파슬리, 처빌 다진 것, 올리브 오일 20ml를 넣고 소금, 후추로 간을 한다.

망고 겔(Mango Gel)

1_ 알긴산 10g, 물 300ml를 냄비에 넣고 70℃까지 올려 알긴산 페스토를 만든다.(알긴산 페스토 는 냉장고에 보관하고 사용한다.)

2_ 망고주스 200ml를 준비한다.(실온에 있는 것 사용)

3_ 젖산칼슘 5g을 넣어 풀어준다.

4_ pH(이온농도)를 측정하여 pH 4~4.5 범위에 있는지를 확인한다.

5_ 물 300ml에 알긴산 페스토 30ml를 넣고 풀어 냉장고에 보관한다.

6_ 스푼으로 떠서 알긴산 페스토 수용액에 떨어뜨려 망고 겔을 만든다.

담기(Plating)

1_ 샐러드 접시에 방울토마토 샐러드를 담아준다.

2_ 주위에 망고 겔을 예쁘게 올려준다.

3_ 바질로 장식해서 완성한다.

4

메인

Main

Grilled Beef Tenderloin Steak with Port Wine Jelly Sheet

그릴에 구운 안심스테이크와 포트와인 젤리 시트

`분자요리재료` 카라기난
`분자요리도구` 실리콘시트

Ingredients

안심스테이크(Beef Tenderloin Steak)

안심(Beef Tenderloin) 120g	타임(Fresh Thyme) 1g
로즈메리(Rosemary) 1g	올리브 오일(Olive Oil) 30ml
조리용 실(Cooking Thread) 20cm	통후추(Whole Pepper) 2g
소금(Salt) 1g	

포트와인소스(Port Wine Sauce)

포트와인(Port Wine) 100ml	데미글라스(Demi Glace) 100ml
양파(Onion) 40g	마늘(Garlic) 1ea
타임(Fresh Thyme) 1g	버터(Butter) 5g
로즈메리(Rosemary) 1g	월계수 잎(Bay Leaf) 2p
통후추(Whole Pepper) 10ea	소금(Salt) 1g

포트와인 젤리 시트(Port Wine Jelly Sheet)

포트와인소스(Port Wine Sauce) 100ml	카라기난(Carrageenan) 2g

더운 채소요리(Hot Vegetable)

아스파라거스(Asparagus) 1ea	토마토(Tomato) 0.6ea
꼬마당근(Baby Carrot) 1ea	올리브 오일(Olive Oil) 5ml
버터(Butter) 15g	버섯(Mushroom) 1ea
소금(Salt) 1g	후추(Pepper) 1g

가니시(Garnish)

타임(Fresh Thyme) 1ea	홀그레인 머스터드(Whole Grain Mustard) 30g

Cooking Method

안심스테이크(Beef Tenderloin Steak)

1_ 안심 기름을 제거하고(Trimming) 둥근 모양으로 만들어 실로 묶어준다.

2_ 올리브 오일 15ml, 타임 1줄기, 로즈메리 1줄기를 넣어 마리네이드한다.

3_ 마리네이드 안심, 소금, 후추를 넣고 그릴에 구워 165℃ 오븐에서 7분간 구워 미디엄으로 만든다.

포트와인소스(Port Wine Sauce)

1_ 양파, 마늘을 얇게 썰어서 준비한다.

2_ 두꺼운 냄비에 버터 넣고 양파, 마늘 넣고 갈색으로 볶는다.

3_ 갈색으로 볶아지면 포트와인 넣고 반으로 조려지면 데미글라스를 넣고 로즈메리, 타임, 월계수 잎, 통후추를 넣는다.

4_ 1/2 정도 조려지면 소금으로 간해서 소창에 걸러 완성한다.

포트와인 시트(Port Wine Sheet)

1_ 포트와인소스를 넣고 카라기난 2g을 넣고 끓여 체에 내려 얇은 판에 부어 굳힌다.

2_ 모양틀을 이용해서 둥근 모양으로 자르고, 칼로 작은 주사위 모양으로 자른다.

더운 채소요리(Hot Vegetable)

1_ 아스파라거스 껍질을 살짝 벗겨 끓는 물에 넣고 데쳐서 얼음물에 식혀 팬에 버터 넣고 소금, 후추를 뿌린 뒤 볶아준다.

2_ 토마토를 1/6로 잘라 끓는 물에 껍질 벗겨 올리브 오일 5ml, 타임, 소금, 후추를 뿌려 160℃에서 10분간 구워준다.

3_ 꼬마당근은 껍질 벗겨 물 50ml, 버터 5g, 설탕 5g, 소금 1g을 넣고 삶아 윤기있게(Glazing) 한다.

4_ 꼬마버섯은 버터에 살짝 볶는다.

안심스테이크 담기(Plating)

1_ 접시 위에 안심스테이크를 올려준다.

2_ 조리된 토마토, 당근, 아스파라거스, 꼬마버섯을 올려준다.

3_ 포트와인 젤리를 접시에 담고 타임을 위에 올려준다.

4_ 홀그레인 버터를 스푼으로 커넬 모양으로 올려주고 포트와인소스를 뿌려 완성한다.

Sous Vide Cooking Chardonnay Wine with Lobster in Emmental Cheese Espuma

샤르도네 와인에 절여 수비드 조리한 바닷가재와 에멘탈 치즈 에스푸마

분자요리도구 사이펀, 질소가스, 수비드기계, 진공팩

Ingredients

바닷가재 수비드 조리(Lobster Sous Vide Cooking)

바닷가재(Lobster) 120g	샤르도네 와인(Chardonnay Wine) 30ml
올리브 오일(Olive Oil) 15ml	딜(Fresh Dill) 1g
레몬(Fresh Lemon) 30g	통후추(Whole Pepper) 2g
소금(Salt) 1g	

에멘탈 치즈 에스푸마(Emmental Cheese Espuma)

질소가스(Nitrogen Gas) 1ea	에멘탈 치즈(Emmental Cheese) 70g
우유(Milk) 200ml	생크림(Fresh Cream) 50ml
후추(Pepper) 1g	소금(Salt) 1g

더운 채소요리(Hot Vegetable)

아스파라거스(Asparagus) 1ea	버터(Butter) 10g
후추(Pepper) 1g	소금(Salt) 1g

칠리소스(Chilli Sauce)

고추기름(Red Pepper Oil) 20ml	토마토 케첩(Tomato Ketchup) 100ml
마늘(Garlic) 1ea	양파(Onion) 30g
레몬(Fresh Lemon) 5g	설탕(White Sugar) 40g
페페론치노(Peperoncino) 2g	후추(Pepper) 1g

가니시(Garnish)

케이퍼(Caper) 1ea	프리세(Frisee) 3g
비타민(Vitamin) 1p	허브(Herb) 1ea
식용 꽃(Edible Flower) 1ea	

Cooking Method

바닷가재 수비드 만들기(Lobster Sous Vide Cooking)

1_ 바닷가재 꼬리와 다리 살을 발라서 샤르도네 와인 30ml, 올리브 오일 15ml, 딜 1g, 레몬즙 5ml, 레몬 제스트 1g, 후추를 넣어 마리네이드한다.

2_ 마리네이드한 바닷가재를 진공팩에 넣고 55℃에서 40분간 수비드 조리해서 얼음물에 식힌다.

3_ 수비드 조리한 바닷가재는 팬에 버터 두르고 마늘, 타임을 넣어 살짝 볶는다.

에멘탈 치즈 에스푸마(Emmental Cheese Espuma)

1_ 냄비에 에멘탈 치즈 70g, 우유 200ml, 생크림 50ml를 넣고 끓여 소금, 후추로 간한 뒤 식혀서 준비한다.

2_ 에멘탈 치즈 에스푸마 재료를 사이펀 안에 담는다.

3_ 사이펀에 넣고 뚜껑을 단단히 잠근 다음 질소가스를 충전해서 흔들어 냉장고에 2시간 이상 보관한다.

4_ 냉장고에서 꺼내어 앞뒤로 충분히 흔들어 접시에 담는다.

더운 채소요리(Hot Vegetable)

1_ 아스파라거스 껍질을 살짝 벗겨 끓는 물에 넣고 데친 뒤 얼음물에 식혀 팬에 버터 넣고 소금, 후추 넣고 볶아준다.

칠리소스(Chilli Sauce)

1_ 양파, 마늘, 페페론치노는 다져서 준비한다.

2_ 팬에 고추기름 두르고 양파, 마늘, 페페론치노를 볶아준다.

3_ 토마토 케첩, 레몬, 설탕을 넣고 살짝 끓여준다.

4_ 소금으로 간하고 고운체에 내려 사용한다.

가니시(Garnish)

1_ 프리세, 비타민은 적당한 크기로 잘라 허브, 식용 꽃과 함께 찬 물에 담가 싱싱하게 한다.

2_ 생 케이퍼는 반으로 잘라 준비한다,

담기(Plating)

1_ 접시에 에멘탈 치즈 에스푸마를 담아준다.

2_ 에멘탈 치즈 에스푸마 위에 바닷가재를 예쁘게 담는다.

3_ 아스파라거스, 비타민, 프리세, 케이퍼를 올려주고 식용 꽃으로 장식한다.

4_ 칠리소스를 뿌려 완성한다.

Sous Vide Cooking Pork Belly with Sweet Pumpkin Puree in Soy Sauce Jelly

단호박 퓌레와 간장 젤리를 곁들인 진공 저온 조리한 삼겹살

분자요리재료 카라기난
분자요리도구 사이펀, 수비드 머신, 진공팩, 실리콘 시트

Ingredients

삼겹살 염지(Pork Belly Curing)

물(Water) 200ml	소금(Salt) 6g
정향(Clove) 3ea	월계수 잎(Bay Leaf) 5p
통후추(Whole Pepper) 10ea	

삼겹살 수비드 조리(Pork Belly Sous Vide Cooking)

삼겹살(Pork Belly) 400g	된장(Soy Bean Paste) 30g
타임(Fresh Thyme) 3g	로즈메리(Rosemary) 3g
통후추(Whole Pepper) 6ea	

간장 젤리(Soy Sauce Jelly)

간장(Soy Sauce) 30ml	설탕(Sugar) 50g
다시마 육수(Sea Tangle Stock) 200ml	카라기난(Carrageenan) 5g

아스파라거스(Asparagus Cooking)

아스파라거스(Asparagus) 1ea	버터(Butter) 10g
후추(Pepper) 1g	소금(Salt) 1g

단호박 퓌레(Sweet Pumpkin Puree)

단호박(Sweet Pumpkin) 150g	쿠킹호일(Cooking Foil) 1ea
꿀(Honey) 200ml	잔탄검(Xanthan Gum) 1g
후추(Pepper) 1g	소금(Salt) 1g

가니시(Garnish)

작은 양배추(Baby Cabbage) 1ea	프리세(Frisee) 3g
주황색 방울토마토(Orange Cherry Tomato) 1p	래디시(Radish) 1ea
레드베리(Redberry) 1ea	로즈메리(Rosemary) 1ea

<u>Cooking Method</u>

삼겹살 염지(Pork Belly Curing)

1_ 물 200ml, 소금 6g, 월계수 잎 3장, 정향 3개, 통후추 5알을 넣고 살짝 끓여 식혀준다.

2_ 염지액을 만들어 삼겹살을 12시간 염지한다.

삼겹살 수비드 조리(Pork Belly Sous Vide Cooking)

1_ 염지한 삼겹살에 된장 30g, 타임 1줄기, 로즈메리 1줄기, 통후추 3개 넣고 진공팩해서 수비드 머신에 넣고 64.5℃로 24시간 수비드 조리한다.

2_ 수비드 조리가 완성되면 얼음물에 식힌다.

3_ 식으면 팩에서 꺼내 껍질부분을 벗겨내고 칼집을 넣은 뒤 식용유를 두르고 갈색으로 시어링해서 레스팅한다.

간장 젤리(Soy Sauce Jelly)

1_ 다시마 육수 200ml, 간장 30ml, 설탕 50g, 카라기난 5g을 넣고 약한 불에서 천천히 끓여준다.

2_ 카라기난이 완전히 녹으면 실리콘 패드에 조심스럽게 부어준다.

3_ 실리콘 패드에 부어 식으면 용도에 맞게 자른다.

4_ 간장 (판)젤리가 완성되면 용도에 맞게 잘라 사용한다. (초밥 위나 스테이크 위에 올려서 사용하면 좋다.)

단호박 퓌레(Sweet Pumpkin Puree)

1_ 단호박 껍질을 제거하고 물 300ml, 소금 1g을 넣고 삶아준다.

2_ 단호박이 충분히 익으면 삶은 물을 조금 남기고 남은 물은 제거한다.

3_ 삶아진 단호박에 꿀 30ml, 잔탄검 2g을 넣고 끓여 소금, 후추로 간을 한다.

4_ 믹서기에 넣고 갈아서 체에 내려 완성한다.

가니시(Garnish)

1_ 작은 양배추 끓는 물에 데쳐 잎을 떼서 버터에 살짝 볶는다.

2_ 프리세, 로즈메리는 찬물에 담가 싱싱하게 만들어 놓는다.

3_ 레드베리, 주황색 토마토는 깨끗이 손질하여 놓는다.

4_ 래디시와 주황색 토마토는 링으로 잘라 준비한다.

Stuffed Salt Sirloin Steak with Chablis Wine in Orange Pasta

소금에 싸서 구운 소고기 등심과 샤블리 와인소스에 오렌지 파스타

분자요리재료 젤라틴, 한천
분자요리도구 실리콘 호스

Ingredients

등심 조리하기(Beef Sirloin Cooking)

등심(Beef Sirloin) 150g	타임(Fresh Thyme) 1g
로즈메리(Rosemary) 1g	월계수 잎(Bay Leaf) 1p
버터(Butter) 20g	통후추(Whole Pepper) 10ea
소금(Salt) 1g	

소금 반죽(Salt Dough)

달걀 흰자 1ea	소금(Salt) 200g

샤블리 와인소스(Chablis Wine Sauce)

샤블리 와인(Chablis Wine) 1ea	셜롯(Shallot) 1ea
마늘(Garlic) 1ea	데미글라스(Demi Glace) 60ml
월계수 잎(Bay Leaf) 2p	타임(Fresh Thyme) 1ea
통후추(Whole Pepper) 5ea	소금(Salt) 1g

오렌지 누들(Orange Pasta)

젤라틴(Gelatin) 1p	한천(Agar) 2g
오렌지주스(Orange Juice) 150ml	설탕(Sugar) 5g
소금(Salt) 2g	

더운 채소요리(Hot Vegetable)

아스파라거스(Asparagus) 1ea	통마늘(Whole Garlic) 1ea
당근(Carrot) 1ea	버터(Butter) 10g
올리브 오일(Olive Oil) 5ml	설탕(Sugar) 3g
소금(Salt) 1g	후추(Pepper) 1g

가니시(Garnish)

식용 꽃(Edible Flower) 1ea	레드베리(Redberry) 1ea

등심 조리하기(Beef Sirloin Cooking)

1_ 등심 150g을 손질하여 올리브 오일 15ml, 타임 1줄기, 로즈메리 1줄기, 월계수 잎 1장을 넣어 마리네이드한다.

2_ 팬에 버터를 두르고 등심을 넣어 갈색으로 구워준다.

3_ 소금 반죽으로 둥글게 싸서 160℃ 오븐에서 6분간 구워준다.

4_ 5분 정도 레스팅해서 소금반죽을 자른 뒤 등심을 꺼내 잘라서 완성한다.

소금반죽(Salt Dough)

1_ 달걀 흰자는 거품기로 저어서 거품을 낸다.

2_ 달걀 흰자 거품에 소금 넣어 반죽을 한다.

샤블리 와인소스(Chablis Wine Sauce)

1_ 팬에 셜롯 1/2개, 마늘 1개를 다져 넣고 볶다가 샤블리 와인 넣고, 월계수 잎, 타임 넣고 조린다. (디글라세)

2_ 데미글라스와 등심 구울 때 나온 주스를 넣고 조려서 소금으로 간한다.

오렌지 누들(Orange Pasta)

1_ 젤라틴과 한천을 물에 불린다.

2_ 오렌지주스 200ml, 젤라틴 1장, 한천 2g, 설탕 5g, 소금 1g을 넣고 끓여서 녹여준다.

3_ 믹싱 볼에 얼음물을 준비한다.

더운 채소요리(Hot Vegetable)

1_ 아스파라거스 껍질을 살짝 벗겨서 끓는 물에 넣고 데친 뒤 얼음물에 식혀 팬에 버터 넣고 소금, 후추를 쳐서 볶아준다.

2_ 통마늘 팬에 올리브 오일 넣고 약한 불에서 갈색으로 굽는다.

3_ 당근은 껍질을 벗겨 작은 모양으로 깎아서 물 50ml, 버터 5g, 설탕 5g, 소금 1g을 넣고 삶아 글레이징을 한다.

가니시(Garnish)

1_ 국화꽃은 찬물에 담가 싱싱하게 만들어놓는다.

2_ 레드베리는 깨끗이 씻어서 준비한다.

담기(Plating)

1_ 접시에 등심을 반으로 잘라 담는다.

2_ 소금 반죽 윗부분을 잘라 주위에 올려주고 당근, 아스파라거스, 통마늘 구이를 올려준다.

3_ 오렌지 누들을 올려주고 국화꽃으로 장식한다.

4_ 에멘탈 치즈 에스푸마 위에 바닷가재를 예쁘게 담는다.

5_ 아스파라거스, 비타민, 프리세, 케이퍼를 올려주고 식용 꽃으로 장식한다.

6_ 칠리소스를 뿌려서 완성한다.

Pistachio Crust with Lamb Chop and Mint Jelly Sheet in Red Wine Sauce

민트 젤리 시트와 피스타치오 크러스트를 곁들인 양갈비구이에 레드 와인소스

분자요리재료 한천, 젤라틴
분자요리도구 실리콘 시트

Ingredients

양갈비 굽기(Lamb Chop Cooking)

양갈비(Lamb Chop) 150g	올리브 오일(Olive Oil) 30ml	로즈메리(Rosemary) 1g
타임(Fresh Thyme) 1g	월계수 잎(Bay Leaf) 2p	디종 머스터드(Dijon Mustard) 15g
통후추(Whole Pepper) 10ea	소금(Salt) 1g	

민트 젤리 시트(Mint Jelly Sheet)

민트주스(Mint Juice) 100g	한천(Agar) 1g	젤라틴(Gelatin) 1g

레드 와인소스(Red Wine Sauce)

레드 와인(Red Wine) 100ml	데미글라스(Demi Glace) 100ml	양파(Onion) 40g
마늘(Garlic) 1ea	타임(Fresh Thyme) 1g	버터(Butter) 5g
로즈메리(Rosemary) 1g	월계수 잎(Bay Leaf) 2p	통후추(Whole Pepper) 10ea
소금(Salt) 1g		

피스타치오 크러스트(Pistachio Crust)

피스타치오(Pistachio) 20g	빵가루(Bread Crumbs) 20g	버터(Butter) 15g
버터(Butter) 1g	로즈메리(Rosemary) 1g	타임(Fresh Thyme) 1g

더운 채소요리(Hot Vegetable)

무화과(Dry Pig) 1ea	방울토마토(Cherry Tomato) 1ea	당근(Carrot) 1ea
브로콜리(Broccoli) 20g	오렌지(Fresh Orange) 1p	버터(Butter) 5g
설탕(Sugar) 3g	소금(Salt) 1g	후추(Pepper) 1g

가니시(Garnish)

로즈메리(Rosemary) 1ea

<u>Cooking Method</u>

양갈비 굽기(Lamb Chop Cooking)

1_ 양갈비는 손질해서 올리브 오일 15ml, 타임 1줄기, 월계수 잎 1장을 넣어 마리네이드한다.

2_ 양갈비 팬에 버터를 두르고 갈색으로 구워준다.

3_ 디종 머스터드를 바르고 피스타치오 크러스트를 묻혀서 175℃ 오븐에서 10분간 굽는다.

민트 젤리 시트(Mint Jelly Sheet)

1_ 민트주스에 한천, 젤라틴을 넣고 끓여 시트팬에 깔아 민트 젤리 시트를 만든다.

레드 와인소스(Red Wine Sauce)

1_ 양파, 마늘을 얇게 썰어서 준비한다.

2_ 두꺼운 냄비에 버터 넣고 양파, 마늘 넣고 갈색으로 볶는다.

3_ 갈색으로 볶아지면 포트와인 넣고 반으로 조려지면 데미글라스 넣고 로즈메리, 타임, 월계수 잎, 통후추를 넣는다.

피스타치오 크러스트(Pistachio Crust)

1_ 빵가루를 버터에 볶아서 체에 내리고 피스타치오는 곱게 다져서 준비한다.

2_ 로즈메리, 타임은 다져서 준비한다.

3_ 버터에 빵가루, 피스타치오, 로즈메리, 타임을 골고루 섞어준다.

더운 채소요리(Hot Vegetable)

1_ 방울토마토는 끓는 물에 껍질 벗겨 버터에 소금, 후추 넣어 볶고, 마늘은 오븐에 구워 로스트한다.

2_ 당근은 껍질 벗겨 작은 모양으로 깎아서 물 50ml, 버터 5g, 설탕 5g, 소금 1g을 넣고 삶아 글레이징을 한다.

3_ 브로콜리는 작은 크기로 잘라 끓는 물에 데쳐서 버터에 볶다가 소금, 후추로 간한다.

4_ 건무화과는 반으로 잘라서 준비한다.

가니시(Garnish)

1_ 로즈메리는 찬물에 담가 싱싱하게 만든다.

접시에 담기(Plating)

1_ 접시에 민트 젤리 시트를 얇게 펴서 놓는다.

2_ 크러스트(Crust) 입혀 구운 양갈비를 올려준다.

3_ 무화과, 당근 글레이징, 토마토, 브로콜리를 올리고 로즈메리로 장식해서 완성한다.

Sous Vide Cooking Duck Breast with Bokbunja Sheet, Noodle in Bigarade Sauce

진공 저온에 구운 오리가슴살과 복분자 시트와 누들

분자요리재료 카라기난, 젤라틴, 한천
분자요리도구 수비드 머신, 진공팩, 주사기, 실리콘 호스

Ingredients

오리가슴살 수비드 조리(Duck Breast Sous Vide Cooking)

오리가슴살(Duck Breast) 1ea	타임(Fresh Thyme) 2g
로즈메리(Rosemary) 2g	오렌지 제스트(Orange Zest) 2g
통후추(Whole Pepper) 10ea	소금(Salt) 1g

복분자 판젤리(Bokbunja Sheet Jelly)

카라기난(Carrageenan) 2g	복분자주스(Bokbunja Juice) 100ml
브랜디(Brandy) 5ml	설탕(Sugar) 3g
소금(Salt) 1g	

복분자 누들(Bokbunja Noodle)

젤라틴(Gelatine) 1p	한천(Agar) 2g
복분자(Bokbunja) 200ml	설탕(Sugar) 5g
월계수 잎(Bay Leaf) 2p	타임(Fresh Thyme) 1ea
소금(Salt) 2g	

비가라드 소스(Bigarade Sauce)

황설탕(Brawn Sugar) 30g	오렌지(Fresh Orange) 1ea
오렌지주스(Orange Juice) 200ml	데미글라스(Demi Glace) 15ml
레드 와인(Red Wine) 60ml	소금(Salt) 1g, 후추(Pepper) 1g

더운 채소요리(Hot Vegetable)

무화과(Dry Pig) 1ea	오렌지(Fresh Orange) 1ea
토마토(Tomato) 1ea	올리브 오일(Olive Oil) 5ml
소금(Salt) 1g	후추(Pepper) 1g

가니시(Garnish)

로즈메리(Rosemary) 1ea

<u>Cooking Method</u>

오리가슴살 수비드 조리(Duck Breast Sous Vide Cooking)

1_ 오리가슴살, 로즈메리 1줄기, 타임 1줄기, 오렌지 제스트, 올리브 오일, 소금, 통후추를 넣고 마리네이드한다.

2_ 진공팩에 오리가슴살 담고 진공팩을 한다.

3_ 수비드 머신에 넣고 63.5℃에서 1시간 수비드 조리해서 찬물에 식혀서 준비한다.

4_ 두꺼운 팬에 오리가슴살 껍질부터 천천히 익혀 갈색으로 바삭하게 구워준다.

복분자 젤리(Bokbunja Sheet Jelly)

1_ 복분자에 설탕 넣고 냄비에 카라기난 넣고 온도를 80℃까지 올려준다.

2_ 카라기난이 녹으면 레몬즙, 소금으로 간을 한다.

3_ 실리콘 패드를 펴고 위에 얇게 펴서 준비한다.

복분자 파스타(Bokbunja Noodle)

1_ 젤라틴과 한천을 물에 불린다.

2_ 복분자주스 200ml, 젤라틴 1장, 한천 2g, 설탕 5g, 소금 1g을 넣고 끓여서 녹여준다.

3_ 스테인리스 볼에 얼음물을 준비한다.

4_ 실리콘 호스에 한천과 젤라틴 넣은 오렌지주스를 주사기로 채워 넣어 얼음물에 담근다.

5_ 파스타가 굳으면 주사기로 호스에 공기를 넣은 후 파스타를 빼서 완성한다.

비가라드 소스(Bigarade Sauce)

1_ 오렌지 껍질을 얇게 떠서 오렌지 제스트를 만들고, 오렌지는 세 그먼트로 잘라준다.

2_ 황설탕은 165℃까지 올려 캐러멜화시킨 뒤 레드 와인을 넣고 반으로 조려준다.

3_ 오렌지주스, 오렌지 제스트를 넣어 반으로 조리고 데미글라스를 넣어 반으로 조려준다.

4_ 레몬 세그먼트 넣고 소금, 후추로 간해서 완성한다.

더운 채소요리(Hot Vegetable)

1_ 토마토 끓는 물에 껍질 벗겨 1/8로 잘라 올리브 오일, 소금, 후추 넣고 타임 올려서 식품건조기 65℃에서 4시간 건조시킨다.

2_ 건조된 무화과는 반으로 잘라서 준비한다.

3_ 오렌지 세그먼트로 잘라 준비한다.

가니시(Garnish)

1_ 로즈메리는 찬물에 담가 싱싱하게 만든다.

담기(Plating)

1_ 접시에 수비드 조리한 오리가슴살을 담아준다.

2_ 건조 토마토. 건무화과, 복분자 누들 담고 비가라드 소스를 뿌린다.

3_ 복분자 젤리 시트를 모양 내서 위에 올려준다.

4_ 로즈메리로 장식해서 완성한다.

Sous Vide Cooking Salmon Steak with Red Chili-Pepper Paste with Vinegar Sauce in Carrot Puree

진공 저온에 구운 연어 스테이크와 초고추장 소스에 당근 퓌레

분자요리재료 잔탄검, 한천, 젤라틴
분자요리도구 믹서기, 아미스푼, 주사기

Ingredients

연어 수비드 조리(Salmon Sous Vide Cooking)

연어(Fresh Salmon) 150g	딜(Fresh Dill) 1p
레몬(Fresh Lemon) 1ea	올리브 오일(Olive Oil) 45ml
타임(Fresh Thyme) 1p	통후추(Whole Pepper) 5ea
소금(Salt) 1g	

당근 퓌레(Carrot Puree)

당근(Carrot) 80g	잔탄검(Xanthan Gum) 2g
설탕(Sugar) 15g	버터(Butter) 10g
후추(Pepper) 1g	소금(Salt) 1g

더운 채소요리(Hot Vegetable)

아스파라거스(Asparagus) 1ea	셜롯(Shallot) 1ea
바질(Basil) 1p	버터(Butter) 10g
후추(Pepper) 1g	소금(Salt) 1g

초고추장 캐비아(Red Chili-Pepper Paste with Vinegar Caviar)

초고추장(Red Chili-Pepper Paste with Vinegar) 100ml	한천(Agar) 1g
젤라틴(Gelatine) 1p	식용유(Salad Oil) 200ml
소금(Salt) 1g	후추(Pepper) 1g

연어 수비드 조리(Salmon Sous Vide Cooking)

1_ 연어 150g을 잘라서 준비한다.

2_ 연어에 올리브 오일 30ml, 레몬 2조각, 딜 1줄기, 타임 1줄기, 통후추 5개, 소금을 넣어 진공비닐에 넣고 진공팩을 한다.

3_ 수비드 머신에 넣고 46℃에 45분간 익혀 얼음물에 식혀서 준비한다.

4_ 팬에 오일을 넣고 시어링한다.(겉면이 바삭할 때까지 센 불에서 빠르게)

당근 퓌레(Carrot Puree)

1_ 당근은 껍질을 제거하고 1.5cm 주사위 모양으로 자른다.

2_ 냄비에 물 300ml, 버터 15g, 설탕 15g을 넣고 15분간 삶아준다.

3_ 당근이 푹 익고 물이 1/10 정도 남으면 잔탄검을 넣고 소금, 후추로 간을 한다.

4_ 믹서기에 갈아 체에 내려 완성한다.

더운 채소요리(Hot Vegetable)

1_ 아스파라거스 껍질을 제거하고 끓는 물에 소금 넣고 삶아 버터 넣고 소금, 후추로 간을 한다.

2_ 셜롯은 껍질을 제거하고 얇게 링으로 잘라 버터에 살짝 볶는다.

3_ 바질과 식용 꽃은 찬물에 담가 싱싱하게 한다.

초고추장 캐비아(Red Chili-Pepper Paste with Vinegar Caviar)

1_ 한천과 젤라틴을 물에 담가 준비하고 샐러드 오일 200ml는 유리볼에 담아 냉장고에 보관한다.

2_ 초고추장에 한천과 젤라틴 넣고 은근히 끓여서 주사기에 넣는다.

3_ 주사기로 샐러드 오일에 떨어뜨려 초고추장 캐비아를 만든다.

4_ 아미스푼으로 꺼내 기름을 제거하고 사용한다.

5

디저트
Dessert

Coconut Almond Fondant

코코넛 아몬드 퐁당

알긴산, 염화칼슘
아미스푼

Ingredients

코코넛 아몬드 케이크(Coconut Almond Cake)

코코넛 밀크(Coconut Milk) 200ml	코코넛 시럽(Coconut Syrup) 100ml
한천(Agar) 5g	바닐라 시럽(Vanilla Syrup) 1g

아마레토 퐁당(Amaretto Fondant)

알긴산(Alginic Acid) 5g	염화칼슘(Calcium Chloride) 15g
아마레토(Amaretto) 60ml	

아마레토 퐁당

올리브 오일(Olive Oil) 5g	염화칼슘(Calcium Chloride) 15g
아마레토(Amaretto) 60ml	

✻ **아마레토(Amaretto)** : 이탈리아어로 '쓴맛'을 의미하는 Amaro에서 온 이탈리아의 증류주이다. 달콤하며 아몬드향이 나며 살구나 아몬드씨로 만들어진다.

Cooking Method

코코넛 아몬드 케이크(Coconut Almond Cake)

1_ 코코넛 밀크 200ml, 코코넛 시럽 100ml, 한천 5g을 넣고 끓여준다.

2_ 체에 걸러 모양틀에 넣고 식힌다.

아마레토 퐁당(Amaretto Fondant)

1_ 물 300ml에 알긴산 넣고 70℃까지 올려 알긴산 페스토를 만든다.

2_ 물 500ml에 염화칼슘 넣어 염화칼슘 수용액을 만든다.

3_ 아마레토 시럽 100ml에 알긴산 페스토 15ml를 넣어 섞어준다.

4_ 염화칼슘 수용액에 아마레토 시럽을 스푼으로 떨어뜨려 원구를 만든다.

담기(Plating)

1_ 코코넛 아몬드 케이크를 틀에서 꺼내 접시에 담아준다.

2_ 아마레토 퐁당을 위에 올려서 완성한다.

Chocolates Sauce and Chocolates Brownies

초콜릿 소스와 초콜릿 브라우니

분자요리재료 스포이트 피펫

Ingredients

초콜릿 브라우니(Chocolates Brownies)

다크초콜릿(Dark Chocolate) 345g	버터(Butter) 220g
설탕(Sugar) 55g	달걀(Egg) 3ea
바닐라 에센스(Vanilla Essence) 36g	커피 원액(Coffee Extract) 35g
박력분(Soft Flour) 100g	피칸(Pecan) 135g
화이트 초콜릿(White Chocolate) 70g	밀크 초콜릿(Milk Chocolate) 70g

초콜릿 소스(Chocolate Sauce)

카카오 파우더(Cacao Powder) 25g	물엿(Starch Syrup) 15g
설탕(Sugar) 50g	우유(Milk) 50g
물(Water) 25g	

초콜릿 소스(Chocolates Sauce)

1_ 물 25g, 물엿 25g, 설탕 50g, 우유 50g을 넣어 천천히 끓여 준다.

2_ 카카오 파우더 25g을 넣고 푼 뒤 끓여서 농도를 맞춘다.

3_ 초콜릿 소스가 식으면 스포이트 피펫에 담아준다.

초콜릿 브라우니(Chocolates Brownies)

1_ 믹싱볼에 달걀 3개를 넣고 설탕 55g을 넣어 거품기로 저어 휘 핑한다.

2_ 다크초콜릿, 버터는 중탕해서 30℃ 정도가 되게 한다.

3_ 화이트 초콜릿과 밀크 초콜릿, 피칸은 작은 주사위 모양으로 자른다.

4_ 휘핑한 달걀에 중탕한 다크초콜릿과 버터를 넣어 주걱으로 가볍게 혼합한다.

5_ 박력분, 다진 초콜릿, 바닐라, 커피를 넣어 주걱으로 섞어준다.

6_ 사각 팬에 반죽을 70% 넣어 185℃로 예열된 오븐에 45분간 굽는다.

담기(Plating)

1_ 완성된 브라우니를 작은 사각형 모양으로 재단한다.

2_ 접시에 담고 스포이트 피펫에 담긴 초콜릿 소스를 꽂아서 완성한다.

Raspberry Gelee

산딸기 절레

분자요리재료 젤라틴

Ingredients

산딸기 절레(Raspberry Gelee)

산딸기 퓌레(Raspberry Puree) 125g	가루젤라틴(Gelatin Powder) 5g
생수(Mineral Water) 30g	설탕(White Sugar) 25g
레몬즙(Lemon Juice) 8g	

샹파뉴 절레(Champagne Gelee)

샴페인(Champagne) 125g	가루젤라틴(Gelatin Powder) 5g
생수(Mineral Water) 35g	설탕(White Sugar) 20g
레몬즙(Lemon Juice) 7g	

Cooking Method

산딸기 절레(Raspberry Gelee)

1_ 젤라틴 5g을 생수 30g에 넣어 충분히 불려준다.

2_ 냄비에 산딸기 퓌레를 125g 넣고 설탕 25g을 넣은 뒤 온도를 올려 충분히 풀어준다.

3_ 젤라틴을 넣어 주걱으로 가볍게 섞어 33℃까지 내려 레몬즙을 넣어준다.

상파뉴 절레(Champagne Gelee)

1_ 젤라틴 5g을 생수 35g에 넣어 충분히 불려준다.

2_ 믹싱 볼에 중탕으로 젤라틴을 넣고 녹인 뒤 설탕을 넣어 녹인 다음 마지막에 샴페인을 넣어 풀어주고 레몬즙을 첨가한다.

3_ 찬물에 받쳐서 33℃로 온도를 내린다.

담기(Plating)

1_ 준비된 유리컵에 산딸기 절레를 담고 냉장고에 30분 정도 굳힌다.

2_ 굳은 산딸기 절레 위에 상파뉴 절레를 컵에 80% 정도 채워준다.

3_ 장식용 초콜릿으로 마무리한다.

참고문헌

염진철, 오석태, 경영일, 고기철, 권오천, 임성빈, 박진수, 배인호, 류정열, 장명하, 채현석, 김정수 (2020). 『기초서양조리』. 백산출판사

윤수선, 채현석(2007). 『주방관리』. 백산출판사

윤수선, 채현석(2013). 『Garde Manger』. 백산출판사

이시카와 신이치(2019). 『식탁 위의 과학 분자요리』. 홍주영 옮김. 클레마

이종필(2020). 『Food Plating+』. 백산출판사

이주영, 이재상, 이준열, 한장호(2020). 『French Dessert Master』. 백산출판사

함동철(2019). 『창작요리를 위한 분자요리』. 지구문화사

http://www.astronomer.rocks/news/articleView.html?idxno=81408

sousvidesupreme.com

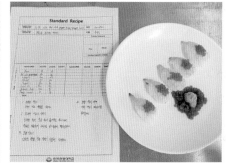
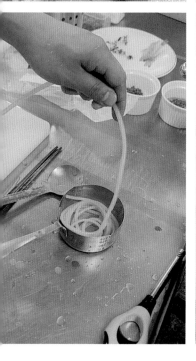

PROFILE

채현석

현) 한국관광대학교 호텔조리과 교수
경기대학교 외식산업경영전공 관광학 박사
호텔리츠칼튼서울 조리장 근무
대한민국 조리명인
대한민국 조리기능장(양식)
(사)한국외식경영학회 수석부회장
(사)한국조리학회 부회장
(사)한국전통주진흥학회 부회장/총무이사
한국산업인력공단 조리기능장, 조리기능사 심사위원
국가직무능력표준(NCS) 학습모듈 양식조리 집필
2018 KOREA 월드푸드챔피언십 대상, 농림축산식품부 장관상 수상
2019 중국 국제해산물요리대회 금상 수상
전국기능경기대회 요리부분 심사위원
KBS 생생정보 황금레시피 출연
e-mail: cookritz@hanmail.net

Assistants

한국관광대학교 호텔조리과 김승환, 저자, 김한글, 송분미(좌측부터)

저자와의
협의하에
인지첩부
생략

분자요리

2021년 1월 10일 초 판 1쇄 발행
2022년 2월 25일 제2판 1쇄 발행
2024년 6월 30일 제3판 1쇄 발행

지은이 채현석
펴낸이 진욱상
펴낸곳 (주)백산출판사
교   정 성인숙
본문디자인 신화정
표지디자인 오정은

등   록 2017년 5월 29일 제406-2017-000058호
주   소 경기도 파주시 회동길 370(백산빌딩 3층)
전   화 02-914-1621(代)
팩   스 031-955-9911
이메일 edit@ibaeksan.kr
홈페이지 www.ibaeksan.kr

ISBN 979-11-6567-861-6 93590
값 23,000원